AQUARIUS

AQUARIUS

AQUARIUS

AQUARIUS

Vision

一些人物，
一些視野，
一些觀點，
與一個全新的遠景！

創傷發生得太早

放下愛無能、自責、敵意與絕望，
找回安全感與存在感

李雪 著

【推薦序】如何防禦那些以愛之名而行攻擊之實的對待？

胡展誥（諮商心理師）

想像你住在一間只有四根梁柱撐著屋頂，卻完全沒有牆壁的房子，這間屋子毫無遮蔽，你的一舉一動都任由他人恣意窺探；也因為沒有門鎖，任何一個人都能隨心所欲地進入屋內移動擺設、堆置或取走物品，並且在裡面做任何他們想要做的事情。

我想，天底下沒有幾個人能夠接受這種居所，你同意嗎？

但是，這種毫無界限、時常被侵犯的居住環境，卻像極了華人的親子關係。

當你還是個孩子時，你被賦予照顧弟妹的責任、扮演成熟懂事的楷模，你毫無計較地乖乖照做，於是你拆除了一面牆。

小時候，你因為害怕或恐懼而哭泣時，獲得的不是安撫或支持，而是嘲諷或處罰。你相信他們口中的你是個懦弱無能的孩子，你又拆除了一面牆。

當你的父母親因為自己的種種限制，對你的努力或成就表達輕蔑或否定時，你默默地收起自己的鋒芒，選擇當父母眼中雖沒用，但至少不讓他們覺得刺眼的孩子，你又拆掉了一面牆。

當你的父母將你的獨立解讀為無情、視你的撒嬌為不成熟、將你的關心扭曲成多管閒事、將你的坦誠說成攻擊、將你的脆弱作為茶餘飯後的笑柄……而你不但沒有為自己辯解，反而隨之責備自己，這時候的你，就像住在那一間沒有牆壁的房子，幾乎失去了所有保護自我價值的界限，任由他人侵犯你的自尊、做出傷害你的事情。

而你的為難在於當這個侵入者是你的至親時，你經常開不了口拒絕對方。

因為，對方往往打著「我都是為你好」的口號。你不敢拒絕父母的好意，更不希望成為那個拒絕父母的逆子、孽女。

由於你已經習慣住在這種沒有牆壁、任人侵犯的住所，長大後的你，也難以在人際關係中堅持自己、保護自己。這一切不是因為你無能，而是因為從小你不但沒有被尊重的經驗，也不被允許捍衛自己。

可惜的是，當你在人際關係中受了傷，回到家之後，卻可能又被落井下石：「看吧！你就是沒用啊，難怪別人要傷害你。」然後，你再次啟動過往的模式：雖然覺得不舒服，卻也深信自己是那個沒有能力、沒有價值的人。

可是，你知道嗎？長年以來，如此對待你的父母，他們心裡某個部分可能早已生了病、受了傷。他們不僅沒有尋求合適的協助，為小時候的你塑造一個健康的成長環境，反而經年累月地把情緒往你身上丟。

他們出了氣，而你卻生了病。

你變得畏畏縮縮，不敢在親密關係裡提出需求；你學會自我批評，處處否定自己；你感受不到自己的價值，任由他人對你予取予求；你變得優柔寡斷，不敢為自己做任何決定。你感到憂鬱、無所適從，你對他人的需求與感受極度敏感，唯獨對自己越來越陌生。

如果想要讓自己變得更健康、想改變長久以來的病態互動，你必須先正視這一切。正視這一切，並不是要你捲起袖子，掀起一場激烈的家庭革命。

而是，唯有正視事實，你才可能在充滿傷害的關係中，蹲下身子，撿起一塊塊磚頭，慢慢地為自己的房子砌牆，為自己劃出人我界限。或許，你無法完全斷絕與這些人互動，但你會比以前更能辨識他們的行動軌跡與樣態。你不一定要反擊，卻更有機會防禦那些以愛之名而行攻擊之實的對待。

在這本書中，你會不斷地遇見內在那一個受傷的小孩、了解過往的某些要求其實過於嚴苛，以及你如何在成長過程不斷地放棄自己的界限。更重要的是，你會開始練習照顧那個小時候的自己，讓他（她）開始擁有被接納、被愛的經驗，讓他能夠為自己做選擇，也可以大方表達自己的情緒與需求。

「做自己」從來都不是為了攻擊或報復誰，而是把注意力從「滿足他人」回到自己身上，學會愛自己，捍衛自己的權利。

創傷發生得太早

放下愛無能、自責、敵意與絕望，
找回安全感與存在感

如果你希望改變現況，內心卻總有股罪惡感揮之不去，請溫柔而堅定地對自己說：「每一個人都有自己的路要走，也必須為自己的生命負起責任。」

【前言】不要讓孩子成為你唯一的創造

困住女人的劇情中，最常見的，是期盼一個男人給自己帶來穩定的歸宿。一個窮男人對女人講「我養你」，會讓很多女人動容，而當一個事業有成的男人這樣許諾未來，對於內心住著無助小女孩的女人來說，更是致命誘惑——我們都太渴望略過直面生活、挑戰自戀的艱難過程，一腳踏入收穫期的平穩豐盛。著名存在主義哲學家、《第二性》的作者西蒙・波娃曾說：「男人的幸運在於從一開始就沒有被告知有一條容易的路，而女人是被鼓勵這樣做的。」

創傷發生得太早

放下愛無能、自責、敵意與絕望，
找回安全感與存在感

沒有退路地直面生活，一次次挑戰自戀、蒙受自戀受挫的精神折磨，這一過程可謂扒皮抽筋式的重塑。一邊是鋪滿鮮花的伊甸園之路，另一邊是未知的叢林，你會選擇哪一邊？智慧如西蒙・波娃這樣的女人會告訴你，鮮花之路不一定通往天堂，必須走自己的路，完成自己的英雄之旅，才能帶來真正永恆的伊甸園。

女人，可以創造孩子，但請記住，不要讓孩子成為你唯一的創造之物。你的創造力和激情不亞於任何男人，你也不需要誰的支援與許可，要勇敢地創造屬於自己的世界。

我自己是獨生女，沒體會過父母重男輕女式的養育，從小就覺得男人能做的女人一樣能做，甚至狂妄自戀地覺得沒有哪個男生比我聰明，很樂於跟男性競爭。即便是這樣的成長路徑，人至中年回看人生，我還是發現二十多歲的自己一樣深陷於「女人是第二性」的自我催眠中。

陷入這樣的劇情，根本原因是自體虛弱。自體虛弱，所以幻想一個強大的客體來拯救自己。這個強大的客體，一會兒是自身的躁狂自戀，覺得自己無所不能，想做什麼都能成功；一會兒是一個能為自己遮風擋雨的男人，就像一個好爸爸一樣，保護我的樂園。

那麼，一個男人憑什麼為你遮風擋雨呢？沒有被父母寵愛過的女孩，更不敢相信自己配得到愛。於是，各種「情感教主」紛紛教女性如何討好男性，留住男人心。我看不上這種「跪舔派」，但我內心的邏輯其實與她們是一致的，只是我的方式貌似更「高冷」一些。我孤傲地展現著自己的聰明才智，內心其實很怕不被看見，妄想自己超級優秀，以此得到一個男人的庇護。

有句話這樣說：「你想找個男人遮風擋雨，沒想到風雨都是那個男人帶來的。」我想，大多數自體虛弱、希望讓男人扮演強大客體的女人，都未能倖免於此。一個人在覺醒之前，總是無法避免地照著父母的樣子找伴侶，哪怕對方外在看起來跟父母很不一樣，內核也可能是相同的。或者說，這樣的女人找到的是跟自己心理發育水準一致的男人，外在能力或許很強，情感上卻虛弱無力。

人近中年，我才開始停止逃避自己的虛弱和恐懼，讓自己衝上一線，百分

創傷發生得太早

放下愛無能、自責、敵意與絕望，
找回安全感與存在感

之百地為自己負責。不再期待男人為我的痛苦做些什麼，不再期待他們給我憐憫和支持。經受著一次又一次自戀受挫導致的自體破碎感，在生與死的較量之中，我就這樣冷靜地注視著自己，看自己何時夢醒。

在對心理學的熱愛和洞察力上，我自認為與前男友相差不多，但他的名氣、被大眾認可的程度及收益都是我的N倍。這是為什麼呢？因為我曾經深陷於自己是「第二性」的自我催眠中，覺得關係是最重要的，我跟他「不分你我」，幫助他成功就是我成功。所以在與前男友七年的關係中，我大部分的經營意識都用在了他身上，很少有經營自己的想法，並為之努力，發展的步伐整整落後了他七年。

我之所以會深陷於第二性的催眠，部分原因是出於跟媽媽共生的渴望。但是很多男人也匱乏母嬰連結，為什麼他們不會陷入共生妄想？於是我覺察到了自己內心的恐懼——我不想直面人生，我恐懼衝上前線後可能遭遇的風險，我害怕挫折導致我自戀破碎。我躲在男人背後，做個謀臣。他成功，我沾光，他不成功，也不等於我不行，我既享受了他的榮光，又避免了自戀受挫的痛苦。

這就印證了西蒙・波娃所說的，女人最大的不幸，是誤以為有一條更容易的路等著自己。

這世界上沒有「更容易的路」，我們終將為所有的捷徑埋單。男人女人都是如此，差別在於，女人通常更晚領悟這一點。可能會讓各位女性失望，我不是個完美的勵志典範，我沒有創造什麼黑馬奇蹟，我只是獨立活下來了。這個獨立，不僅是物質上的獨立，還有精神上的獨自存活，百分之百地為自己所有的痛苦負起責任。

當你能為自己遮風擋雨，有沒有男人都不影響你揚起風帆時，遇到的人自然願與你同舟共濟。無論你是那個不被期待出生的女兒、被精神閹割的男人，還是飽受父母折磨的虛弱受害者，都要清楚，萬物生而有翼，而且無人可以折斷它。

目錄

第三章 平衡自戀維度與客體關係維度

目錄

第六章 真相在孩子的感受中

第一章

足夠好的媽媽

01

足夠好的媽媽是怎樣的

足夠好的媽媽能夠在最初滿足嬰兒的全能幻想，順應嬰兒，即時回應他，跟他同調。

愛嬰兒的全能幻想被充分滿足後，媽媽又能適時退出，讓嬰兒經受適當的挫折，從而獲得成長。

英國心理學家溫尼科特提出了「足夠好的媽媽」這一概念。他認為，足夠好的媽媽能夠養育出具有真實自體的孩子。那麼，足夠好的媽媽是怎樣的呢？

第一，足夠好的媽媽在嬰兒出生前後，會處在原初母愛貫注中。

「原初母愛貫注」的特點是：從嬰兒出生前到出生後的數週內，媽媽會全神貫注地對待嬰兒。在孕期的後三個月，媽媽會跟嬰兒共用呼吸、消化和排泄器官，嬰兒的生長充斥著媽媽的身體和心靈，媽媽自己的主體性、興趣和生活節奏都逐漸隱退了。

媽媽的所有存在，都變成了適應嬰兒節奏、滿足嬰兒需求，這是一種高度共生的狀態。媽媽跟嬰兒之間往往有著心靈感應般的連結：媽媽感到奶脹，而此時正好嬰兒想要吃奶；媽媽微微心慌，想要去看看床上的嬰兒，而這個時候嬰兒剛剛醒來，正要尋找媽媽。

這種微妙的同調性，有著神蹟一般的美好。嬰兒自發發出信號，被媽媽敏銳地捕捉到，並給予回應和滿足，與嬰兒保持同調，從而建立嬰兒的真實自體。

好的媽媽就像鏡子一樣，嬰兒透過媽媽的眼睛看到自己，於是他的存在就被確認了。而有些媽媽，無法進入母愛貫注的狀態。比如抑鬱的媽媽，嬰兒在旁邊發出各種信號，渴望互動，可媽媽一直沉浸在自己的抑鬱情緒裡。這種情況下，嬰兒看著媽媽的眼睛，看到的卻是媽媽自身凝固的狀態，無法照出自己。嬰兒發現自己這種自然自發的狀態得不到回應，**「我得去觀察媽媽的狀態，順從媽媽，創造出讓她滿意、能夠喚醒她的狀態。」嬰兒因此發展出了虛假自體，他的內在不得不分裂，把真實的自己隱藏起來，創造出一個虛假自體圍繞著媽媽轉，以這樣的方式讓自己生存下去。**

有的媽媽在懷孕後期，甚至臨產前，全身心都掛在工作或學習上，肚子裡的孩子除了帶來一些生理上的不適外，基本沒什麼存在感。孩子在媽媽肚子裡，就已經有了孤獨和被拋棄的感覺，也就是跟媽媽同調失敗。

什麼是同調呢？一個朋友說自己產後睡眠不太好，看了很多睡眠訓練的書。但她媽媽的一句話點醒了她：「哪有那麼複雜，還用訓練？孩子睡，你就跟著打盹，別管白天，還是晚上，能睡多少算多少；孩子醒，你就跟著醒，不要老想著保持自己的作息規律，啥都順著孩子來，這就行了！」這位朋友果真按照她媽媽說的做了，結果睡眠品質反而比生孩子之前提高了很多。可以說，順應、滿足嬰兒的同時，也是媽媽對自己內在嬰兒的重新養育。

第二，足夠好的媽媽能滿足嬰兒的主觀全能感。

嬰兒從黑暗的子宮來到光明世界時，會感覺是自己創造了這個世界。實際上，嬰兒沒有一點能力去創造物質滿足，只能利用自己的主觀幻想來創造一切。比如嬰兒餓了，媽媽把乳房及時送上，那麼，在嬰兒的感覺中，就是他自己的願望創造了這個乳房。媽媽的及時回應，把整個世界都送給嬰兒，讓嬰兒以為這些都是由他自己主觀意願創造出來的，這就是滿足嬰兒的「全能幻想」。

從媽媽對嬰兒全能幻想的支持中，嬰兒會逐漸孕育出真實自體。也就是說，嬰兒的主觀全能感是在原初母愛的貫注中產生的。隨著嬰兒逐漸長大，媽媽也會慢慢從這種狀態中退出，讓嬰兒重拾主體性，再一次對自己以外的世界感興趣。在這個過程中，媽媽對嬰兒的回應越來越慢，但並不是刻意延遲或漫不經心。媽媽依然是積極的，只是不再像原初母愛貫注時那樣神一般的一體呼應。

第三，足夠好的媽媽會給嬰兒適當的挫折。

隨著時間的推移，媽媽不再幫助嬰兒維持主觀全能感，媽媽個人的興趣愛好、個人的作息規律、個人的需求，逐漸回歸。這時候，嬰兒會慢慢意識到：原來我不是全能的，不是我有什麼意願，就能立刻創造出現實來滿足。

這種挫折會讓嬰兒感到痛苦，但這種痛苦是建設性的。嬰兒從一出生就依賴媽媽，但是他自己感受到「依賴」卻是從這時才開始的（以前是全能幻想，自以為什麼也不需要依賴）。藉此，嬰兒逐漸意識到客觀世界和自己的主觀意願之間是有差別的，願望要想被滿足，不是僅僅發出渴望就行，還需要跟別人協商，等別人合適的時候才能創造滿足；而別人也有自己的世界、自己的願望。這樣的挫折，是一種適當的挫折，是嬰兒的心理向前發展必不可少的過程。

「適當」的挫折，意思是媽媽並沒有故意要延遲滿足孩子，而是事情本身客觀上需要等待。比如一個兩歲的孩子需要喝水，孩子先要感受到自己口渴了，然後說出或指出想要喝水。媽媽聽見孩子的需要，放下手裡的事情去幫孩子拿水，而不會再像孩子剛出生時一樣，時刻感知和猜測孩子的需要，能夠在孩子即將要口渴的時候，就已把奶瓶送到孩子嘴邊。

那麼，注意力不能回歸自身、一心掛在孩子身上、沒有自我的媽媽，會給孩子帶來什麼呢？據我觀察，這樣長大的孩子，共同點是很容易暴怒，一點事情不如意就無法忍受，甚至去攻擊別人，容易陷入偏執的狀態。

沒有主體性的母親，使孩子始終處在「世界應與我一體」的幻覺中，同時也在閹割孩子自由而完整地探索客體世界的能力。比如一個小朋友想要玩另一個小朋友的玩具，這是一個觀察、協商、可能受挫折、哀悼喪失，或者再次換方式協商的探索過程。然而，沒有自我的媽媽，立刻明白了孩子的需求，代替孩子去跟別人協商，使孩子喪失了體驗過程的機會。

第四，足夠好的媽媽能忍受孩子無情的使用和攻擊。

溫尼科特認為，攻擊性代表了活力，是生命的證據。嬰兒最初無心的攻擊，比如吃、咬、踢、扭動身體等，並沒有傷害媽媽的意圖，只是自發活動的一部分。嬰兒經由攻擊，與外部世界發生聯繫，從而發現了外部客體，這對嬰兒來說意義重大。

原初攻擊性就像一團火焰，自然地想要伸展和碰觸外部世界，而這些能量是轉化為打媽媽一巴掌，還是溫柔地碰觸媽媽，嬰兒暫且不能區分和掌控。在嬰兒的意識中，它們都只是一種運動而已。

原初攻擊性裡，包含著嬰兒對媽媽那種原初興奮的愛，這種愛同時也是毀滅：嬰兒蓬勃地對媽媽伸展自己，咬乳頭、掐媽媽、打媽媽，無情地使用媽媽，摧毀和表達愛彷彿是一回事。嬰兒在兩歲之前，幾乎都是如此無情。直到兩歲左右，他才能夠發展出對客體的擔憂能力。

嬰兒肆無忌憚地使用媽媽，不擔心媽媽被摧毀，而媽媽一而再、再而三地滿足嬰兒，忍受他的無情。這樣一來，嬰兒就不用隱藏自己，不用把自己分裂成虛假自體，他的真實存在就被確認了，生命力就得到了祝福。

溫尼科特認為，生命力和真正活著的感覺與攻擊性緊密相連。他甚至認為，嬰兒的自發性就是攻擊性。

當媽媽在嬰兒的攻擊中倖存，既沒有因此拒絕、懲罰嬰兒，自身也沒有崩潰時，嬰兒便體驗到了這個完整的過程：我創造她，我無情地使用她，而她卻沒有被我毀滅，依然堅定而溫和地存在著。這會讓嬰兒感知到，外面的世界有某種存在是在自己主觀全能掌控之外的，而這個存在是結實的、善意的。

這就**構建了嬰兒與外部世界的基礎客體關係——「我不用擔心伸展自己的能量**

會毀滅外部世界，或者被外部世界報復」。這樣的孩子能保有自己蓬勃的生命力，同時又能接受真實的挫折。

總體來說，足夠好的媽媽能夠在最初滿足嬰兒的全能幻想，順從嬰兒，及時回應他，跟他同調。

當嬰兒的全能幻想被充分滿足後，媽媽又能適時退出，讓嬰兒經受適當的挫折，從而獲得成長。

最重要的是，媽媽要在嬰兒無情的攻擊中倖存，不反擊、不拒絕，心甘情願被使用。這樣，嬰兒就會發展出真實自體，保有蓬勃的生命力，與這個世界建立和諧的基礎關係。

02

不在愛中，就在恐懼中

我們在面對孩子、面對親人說話之間，可以先緩一緩，覺察一下自己的心，是在愛的位置，還是分裂的位置。話說出口，會讓關係更親近，還是更疏遠？

好的父母與不好的父母，核心區別在於：父母是希望孩子成為他自己，還是成為父母想像中的人。

如果是前者，哪怕父母不是什麼成功人士，做不到時時刻刻回應孩子，也沒關係，孩子的一生照樣會過得逍遙自在。但如果是後者，即使父母學了很多育兒方法，跟孩子說話總是溫和有理，孩子依然會反感、抗拒。

我經常遇到一些學習正面管教的家長，他們學習了很多，但學會的往往是溫和而堅定地控制孩子、改造孩子。無論他們說的話多麼有道理、多麼正確，跟孩子的關係依然緊張。

讓孩子成為他自己，而不是成為父母想像中的人，這是很高深的境界。如果一個人能修練到對任何人，包括自己在內，都沒有改造欲望，那麼他就是所謂的「覺醒」的人。

《聖經》中有一句話說得特別好：不是在愛中，就是在恐懼中。愛帶來如其所是，帶來對事實的臣服和行動的智慧；而恐懼帶來分裂，帶來對錯評判，帶來應該與不應該的較勁。

是愛，還是控制？

我經常提到自己跟妹妹相處的例子：妹妹買了一堆麵包放在冰箱裡忘了吃，我看到後，忍不住想教育她「麵包要及時吃，不要浪費錢」。這個時候，我就是想改造她，我的心已經不在愛的位置上，而是處於分裂的位置。

這個分裂的位置，源自我頭腦中妄想出來的恐懼——「如果我不教育她，她今天對食物這麼不珍惜，以後就會一直這樣，逐漸變成一個浪費成性的人。」

我小時候也整天被父母這樣妄想，活在恐懼的劇情裡，製造著無休止的分裂、評判和衝突。所以，當我覺察到自己偏離了愛的位置時，就立刻讓自己回來。只是帶著愛，簡單地告訴妹妹：「這家麵包店的麵包都沒有添加防腐劑，只能放三天，三天過後就不能再吃了。」妹妹「哦」了一聲，但從此以後每次都會及時吃掉麵包，有時還會提醒我「麵包要到期了」。

可以想像，如果我處在分裂的位置上，去教育妹妹不要浪費糧食，她必然會感受到我語言背後的能量。這個能量是評判、不接納，所以即使她意識上不反抗，心理上也必然會疏遠我。這就是為什麼有人一輩子說話、做事都很正確，但跟親人的關係卻冷淡疏遠。

美劇《福斯特醫生》中，爸爸對婚姻失敗的福斯特說：「你總是能夠『正確』地傷害別人。」**是否傷害別人，並不在於你說的話對不對、有沒有道理，而在於你的心——你的心是處於愛的位置，還是分裂的位置。**

很多家長問我有關孩子打架的事，比如「孩子之間搶玩具，他上去就咬別的小朋友，我該怎麼辦？」。當家長這樣問的時候，背後的能量就是分裂的——「孩子咬人是錯誤的，他應該變成一個懂禮貌、不給我惹麻煩的孩子，所以請教給我正確的改造方法」。可問題在於，如果家長的心遠離了愛，就看不見真實的孩子了。這個時候，無論家長說什麼、做什麼都是無意義的。

我相信很多家長都有這樣的經驗：越是嚴肅地教育孩子不應該打架，孩子就越會打其他小朋友，性子倔的孩子甚至還會自殘。

那麼，**處於愛的位置上的做法是怎樣的呢？愛是看見真實的孩子。放下改造孩子的念頭，才可能看見真正的他，看見他打架行為背後的情緒感受。**

孩子之間打打鬧鬧，有時只是一種遊戲。打過之後，不需要大人干預，三分鐘就和好了。有的孩子之所以咬人，背後可能是恐懼，怕自己的玩具被剝奪，怕沒有能力自我保護。這樣的孩子，或許在嬰兒時期就有過太多因被剝奪而產生的無助感和恐懼感。

當我們看見真實的孩子，就知道該如何用愛去回應。對待咬人的孩子，就讓他感受到自己是被保護、被愛圍繞的，用愛去融化他內心的無助和恐懼。當孩子內在溫暖的體驗越來越多，無助感越來越少，自然就不會咬人了。

孩子是父母內在的鏡子

我家的鸚鵡小時候經常咬人。有一次，牠咬了來我家玩的小朋友，因為什麼原因我沒看到，但我看到咬人之後的鸚鵡充滿著恐懼。於是我讓其他人照顧被咬的孩子，自己把鸚鵡抱到臥室，輕柔地安撫牠，告訴牠：「沒關係的，我會保護你，沒事的」。我看到了真實的鸚鵡，牠很恐懼，於是愛自然地指引我去安撫牠，而不是評判、教育、懲罰牠。

這隻鸚鵡是人工孵化出來的，很沒有安全感，我能做的就是盡量用愛去融化牠的恐懼。隨著鸚鵡安全感的增加，牠咬人的情況越來越少。

但是在一種情況下，鸚鵡依然會飛過去咬人，那就是當牠被欺負的時候。確實有一些不懂事的孩子會主動招惹牠，如果孩子被咬了，又確實會給我帶來麻煩。於是我就對鸚鵡說：「我帶你到社區裡散步，要是有小朋友招惹你，你不要咬人，好不好？因為這樣會讓我很難處理。」在這之後，有一次，鸚鵡站在社區的欄杆上休息，一個小朋友跑過去指指點點，說一些很不友善的話。

我提醒小朋友不要招惹鸚鵡，牠會咬人。小朋友退後幾米，繼續指指點點。這個時候，鸚鵡忽地飛過去，小朋友隨即捂著額頭大哭，說鸚鵡咬他。

小朋友的媽媽趕過來查看，發現額頭並沒有任何傷痕。原來鸚鵡只是飛過去撞了他，並沒有咬人。牠既給自己出了氣，又沒給我惹麻煩，我很佩服牠的智慧。鸚鵡之所以善解人意，願意配合我，是因為我幾乎沒有評判過牠，一直都理解牠、保護牠，牠自然也願意理解我、保護我。

動物尚且如此，何況更有智慧的孩子呢？父母和孩子就像是糾纏的量子，如果父母的內心沒有分裂、恐懼和衝突，那麼，孩子的外在表現也不會是衝突、對立。

孩子是父母內在的鏡子。**父母在孩子身上看到的任何問題，都可以用來反觀內**

照。當父母化解了自己內在的評判和對立，孩子就什麼問題都沒有了。

我們在面對孩子、面對親人說話之前，可以先緩一緩，覺察一下自己的心，是在愛的位置，還是分裂的位置？話說出口，會讓關係更親近，還是更疏遠？其實，我們的內心都知道答案。

在生活中，慢慢覺知內心是合一，還是分裂？是在愛中，還是在恐懼中？這就是解脫之路。

03

結實的父母，是孩子生命力的源泉

我們可以選擇，讓自己逐漸成為結實的人，能夠接受衝突，也能夠接受和解。

我們也可以選擇，讓自由意志在關係中綻放，在關係中學會協商和妥協。

倫敦有個著名的精神分析中心，叫塔維斯托克中心（Tavistock Centre）。一位在這裡進修了很多年的精神分析師說，對自己成長幫助最大的是「動力團體」。

這是一種適用於團隊的心理治療方式，它允許成員在團體中自由呈現內在的關係模式，然後進行覺察，彼此回應，從而得到成長。

在持續多年的動力團體中，這位精神分析師幾乎每天都要跟其他成員彼此投射、彼此衝突，看起來就像我們日常生活中經常發生的吵架。他說自己每次「吵」完都很擔心，以為關係要完蛋了，但是這麼多年來，大家的關係還是好好的。這對他來說，是一種莫大的治癒。

關係並沒有我們想像中那麼脆弱。對方沒那麼脆弱，我們也沒那麼脆弱，所以這位精神分析師才不用活得那麼緊張、謹慎，能夠更自在、更真實地做自己，與別人的關係也變得舒服和放鬆下來。

寄生在孩子身上的父母

我們大多數人在童年時期，都沒有體驗過關係的柔韌性，而是體驗了太多「無限上綱」、「小事化大」。父母像是易燃、易爆品，特別脆弱，孩子但凡有點小事不如父母所願，他們就會立刻被「點著」。

比如孩子考試沒考好，爸爸就會大發雷霆，媽媽就會哀聲痛哭：「這個家沒希望了，日子過不下去了。」有的孩子已經長大，已經工作成家，父母依然會上演「你不如我所願，我就悲慘可憐給你看」的戲碼。因此也有不少人說：「我想做自己，想捍衛自己的邊界，想和父母分開住，可是他們確實很可憐，老了無依無靠，身體也不好，我怎麼說得出口？」

我身邊就有這麼一個好朋友，他媽媽總要跟他一起住，每次他提出請媽媽回老家跟爸爸住，媽媽就會出狀況：生病，甚至把自己摔骨折，給兒子帶來很大的愧疚感。

這樣的父母實在是太脆弱了，脆弱到孩子只能按照父母的意願去生活。他們沒有完整的自我，需要寄生在孩子身上，把孩子當作自己的一部分來使用，榨取孩子的能量。一旦孩子想要跟父母劃清界限，拒絕被控制，父母就會枯萎。如果孩子聽父母的話，乖乖地跟父母住在一起，父母就會變得很有精氣神，但孩子會越來越抑鬱無力。

結實的父母

那麼，結實的父母是什麼樣子呢？

結實的父母，在孩子小的時候，無論孩子呈現出什麼狀態、行為，都不會感覺被傷害。**父母或許會被孩子惹惱，產生不良情緒，但這種情緒只是當下的一個反應而已，並不會破壞孩子與父母之間的關係實質**，父母也不會因此陷入情緒裡，不可自拔。

結實的父母，在孩子長大離家之後，不會因此而失去生活的重心，依然有自己的人生。跟孩子相聚固然開心，但不是除此之外，就沒有別的快樂可言。

結實的父母，是對孩子生命力最好的祝福。孩子會發現，「我充滿活力地生長、做自己，是不會傷到別人的，我的生命力被這個世界歡迎，我可以全然去創造自己想要的生命體驗，不用背著父母前行，不用對父母心懷愧疚」。

脆弱的父母

還有一種脆弱的父母，看上去並沒有強勢控制，但是他們自身能量特別低，每天勉強維持一日三餐，上完班，做完最基本的家務，就已經很不容易了，幾乎沒有什麼能量和熱情去回應孩子。

久而久之，孩子的需求得不到回應，他就會慢慢覺得，「我想跟父母玩耍，哭鬧著尋求父母關注，這些需求太可恥了。父母已經很不容易了，為了保證我的衣食住行，他們幾乎耗盡了所有力氣。我要是還不滿足，提出各種要求，那就是沒良心了」。

可問題是，對父母有情感需求、渴望跟父母互動，並得到熱情回應，這是一個人多麼正常的情感需要啊！因為父母自身生命力太弱，或者所有精力都消耗在基本的生存中，孩子才會以自己的需求為恥，覺得向外發出聲音是可恥的，什麼都靠自己搞定，能不求人就絕對不求人。

這樣長大的孩子，不懂拒絕別人，不敢表達自己的攻擊性，**不能捍衛自己的界限**。他會投射性地認為別人都很脆弱，「我不能對別人提要求，不能打擾別人，更不能攻擊別人，萬一對方承受不了，怎麼辦？」所以，他經常會莫名其妙地背負別人的事情，活得謹小慎微。

這裡有一點值得注意：他自認為的需要替別人背負，其實往往並不是現實，只是自己的投射而已。也就是說，他把對方投射成自己脆弱的父母，覺得需要替對方背負，但對方很可能並沒有這種需要。

「中國式好人」

這樣長大的孩子，身上經常透著怨氣。因為自身真實的需求長期被壓抑，所以散發怨氣；因為不能拒絕別人，所以散發怨氣；最後又因為怨氣，他必須更加壓抑自己，因為怨氣都是有毒的，散發出來傷到別人怎麼辦？就這樣循環往復，最終形成一個異常牢固的防禦體系，活力被封印了，「中國式好人」誕生了。

「中國式好人」看上去很樂於幫助別人，幾乎會答應別人的所有請求，但他們的內心其實是不願意滿足別人的。所以「好人」有個共同的特點，就是拖延。年齡越大的人，積累的怨氣越多，拖延就越嚴重。

情感虛弱無力的父母，會讓孩子覺得提出正常的需求是件很羞恥的事情。這種羞恥感烙在潛意識深處，「好人」透過不提需求的方式，避免體驗到這樣的羞恥感。那麼**在關係中，他們就會透過拖延，讓對方體驗到這種羞恥**：你需要我，但我就是不回應你，你如果再次請求我，就一定會為「你需要我」這件事而感到羞恥。這樣，**「好人」就把壓抑在自己潛意識深處的羞恥感，成功轉嫁給了別人。**

學會區分界限

我們如果沒能擁有結實的父母，就要自己學會區分界限——我是我，別人是別人。每個人無論堅強，還是脆弱，都要為自己的人生負責，也只能為自己的人生負責。

我們可以選擇，讓自己逐漸成為結實的人，能夠接受衝突，也能夠接受和解。我們也可以選擇，讓自由意志在關係中綻放，在關係中學會協商和妥協。比如跟父母的關係，最差的情況就是我們選擇做回自己，父母因此痛不欲生。那我們也要知道，父母痛苦，是他們的靈魂選擇想要的體驗，我們只能尊重他們，如他們所是，不去較勁，不去改造，不期望把父母變成自認為「應該」的樣子。

允許父母有各種情緒，但不必為他們的情緒負責，同時讓自己活出跟他們不一樣的人生。這是精神上的「弒父弒母」，但也是對待父母最飽含慈悲的態度。

發胖是一種自我懲罰?!

我曾經帶領過一個成長團體，有一位成員自我覺察成長中的各種劇情，其中一個劇情是關於自己為何會發胖。她發現，原來發胖是一種自我懲罰，懲罰自己過得幸福：跟老公恩恩愛愛，孩子很可愛，家庭經濟收入也很不錯。

這些幸福讓她覺得內疚，因為她媽媽一輩子都活在怨氣中，跟幸福絕緣，而自己現在居然過得這麼順利。所以，在過得如此舒服時，她開始發胖了。

有了這個領悟之後，她喜歡上了收拾，每天把家裡打理得整潔美觀。而在以前，她很抗拒做家務，因為過去媽媽總是一邊做家務，一邊怨氣沖天。

這個學員看到了自己的劇情，處在巨大的喜悅和能量釋放之中，背負了這麼多年的枷鎖終於解開——她可以「背叛」媽媽，去享受自己的人生，活出自己的幸福了！

如果童年我們沒有結實的父母，也沒關係，**我們可以做自己最好的父母**。重新養育自己、寵愛自己，源源不斷地活出自己的生命力，直接去體驗我們想要體驗的人生。

04

育兒理念衝突的背後是家庭權力鬥爭

夫妻之間育兒理念的衝突，表面上看是觀念不同，其實在深處剖析，不過是一種權力鬥爭——在育兒的過程中，到底誰占上風，誰更有權力教育孩子。

有一位媽媽對我說：「李雪老師，我很認同你的育兒理念，我也是用愛和自由對待孩子的，可是老公和家裡老人跟我的觀念完全不同，經常起衝突，怎麼辦？」她還舉了一個例子：老公不肯跟孩子好好說話，動不動就吼孩子。她擔心孩子心理上會受傷，於是找老公理論，結果兩人起了衝突。

這位媽媽問我：「到底是應該捍衛孩子，還是應該忍一忍，避免跟老公發生衝突呢？」

其實，**這裡面隱藏著一個很經典的改造欲望——「我想要改造老公，讓他跟我觀念一致」**。

媽媽可能會覺得委屈：「我不是要改造老公，而是擔心孩子的心理健康呀！」

如果真的只是關心孩子，那麼，當老公吼孩子的時候，媽媽就要先去觀察孩子，看看他的情緒感受——有沒有感到恐懼或悲傷。**如果孩子需要，再去撫慰，而不是不顧孩子，直接去找老公理論。**

看見「真實」的孩子

我遇到過很多這樣的例子，媽媽給予孩子充足的愛和自由，孩子的界限感非常清晰。當孩子被爸爸吼了，媽媽問孩子有什麼感受時，孩子說：「沒事呀，我知道那是他自己的情緒，與我無關。**他批評我，其實是因為他自己內心痛苦。**」看，這樣的孩子多麼有智慧，他的內在中心多麼穩固！他並不需要媽媽去替他解決這些外在的衝突。

所以，如果媽媽真正關心孩子，就不會第一時間去跟老公發生衝突，而是會關心和回應孩子，看見真實的他。除非發生特別嚴重的情況，比如有人在傷害孩子的身體，那麼媽媽是需要第一時間衝上去保護孩子的。

至於夫妻之間育兒理念的衝突，表面上看是觀念不同，其實往深處剖析，不過是一種權力鬥爭——在育兒的過程中，到底誰占上風，誰更有權力教育孩子。這個權力感，通常比具體抱持哪種育兒理念還要重要。有時為了獲得權力，夫妻中一方會拚命去捍衛一個連自己都不一定相信的理論，只為了爭輸贏，壓倒對方。

爭奪權力有很多手段，比如暴力，包括肢體上的暴力，「你不聽我的，我會讓你肢體受傷」；或者利用經濟上的優勢地位，「你不按我的意願去做，我就讓你物質受損」；再或者以道德資本相要脅，「我為你犧牲這麼多，你必須聽我的」。這些都是很明顯的權力爭奪手段，很多夫妻都心知肚明。

「我更正確，你應該聽我的」?!

還有一種更隱蔽的權力爭奪方式，這種方式隱蔽到可能連爭奪者自己都沒有意識到，那就是「我更正確，你應該聽我的」。這種信念不僅在家庭中十分普遍，在社會上也隨處可見。

比如二戰時期，德國納粹認為剿滅猶太人是正確的，所以每個德國人見到猶太人都應該舉報。又如美國政府曾認為喝酒是不對的，頒布了禁酒令，結果造成了史上規模最大的酗酒死亡事件和黑社會的空前繁榮。著名學者海耶克在《通向奴役之路》一書中說：「通往地獄的路上鋪滿善意，這些善意就是我們自以為的正確。」你認為什麼正確，然後自己去履行，這沒有問題。但如果你把自以為的正確強加給別人，那就是通往地獄之路了。

在家庭中，有些家長會認為，「我學了教育學、心理學、國學……我是正確的，所以你應該聽我的」。這種想法通常隱藏著一種軌跡：我分明是想讓你屈從於我，但我不會直接這麼說。我會說自己講的是某先哲的思想、某專家的理念，是最進步的科學正確的道理。你不同意我說的，就是誹謗先哲、懷疑專家，是不會獲得幸福的。

就這樣，把自己的觀點等同於先哲的觀點，把自己等同於先哲。但問題是，即使是先哲本人，也沒有說過自己是唯一正確的，更不會詛咒觀點不同的人遭遇不幸。

愛和自由，是傾聽和看見

我過去在帶領工作坊時，開場和結束都會強調，**我教的理念，唯一的用途是自我覺察、自我成長，不要拿來要求別人，尤其別去要求配偶和父母。**曾經有學員說，她聽了我的一段話很受用，於是把我的話一字不改地講給老公聽，結果老公很生氣，她感到很困惑。

原因其實很簡單：我講的時候是在分享自己的心路歷程，並沒有想要改變學員，但是學員回家轉述給老公，目的是改變老公。

表面上，語言怎麼說不重要，哪怕一字未改，**背後傳遞的能量也是「我是正確的，你是錯誤的；我比你更高明，所以你應該改進」。有誰會喜歡被貼上錯誤的標籤？**所以，她越是說老公，老公就越會用力反抗，證明自己沒有錯，並更加堅持自己原有的信念。比如妻子很認同給孩子愛和自由，本來老公對這個理念也是部分贊同的，但經過妻子的一番理論和評判，他為了反抗妻子，反而會全力去捍衛自己原本的一套。

一個人如果真正去踐行愛和自由，就不會去評判、去改造別人，而是會選擇傾聽和看見。以這樣的方式對待自己的配偶，只要配偶感受到被尊重、被看見，不用講任何道理，他自然而然就會贊同你，並在潛移默化中跟你一起成長。

有好幾個學員回饋說，開始老公不認同愛和自由的理念，但後來看到自己的愛人越來越平和、喜悅，就對李雪的理念產生了好奇，主動要求看書、學習。

當然，也有一種可能，那就是無論你如何尊重界限、傾聽配偶，對方都要死守、封閉在自己的世界裡。那麼，你們的關係也不會持久。

也就是說，在關係中，如果一方的靈魂進展程度遠遠高於另一方，那麼，這段關係也就快要結束了。而成長快的那一方，一個人生活會更豐盛，如果走入下一段關係，獲得的也會是相互滋養的關係。

教育理念不一致，這很正常。如果我們為此產生情緒，正好可以藉這個機會，**覺察情緒背後的改造欲望**，並探問一下更深層的自己：為什麼這個欲望如此根深柢固。

第二章

從虛假自體走向真實體驗

01

失敗的母嬰關係帶來虛假自體

我已經擁有了一切，內在的無意義感卻沒有減輕，這太讓人絕望了。

生活中，有些人常常會產生不想活了的念頭。這其中有一部分人是因為遭遇了真實的外部困難，比如重大疾病、債務纏身或身心備受折磨等；還有一部分人，其實並沒有什麼重大的外部困難，卻也感覺活著沒意思，這部分人就是心理學家溫尼科特所說的「虛假自體」。

具備虛假自體的人，無法體驗到關係的安全感和相互滿足感，極端的虛假自體甚至會引發嚴重的人格障礙。

虛假自體源於失敗的母嬰關係

虛假自體的形成源於失敗的母嬰關係。母親不能根據嬰兒的自發需求來回應，無法及時滿足嬰兒。這樣的母親對嬰兒的反應，大多建立在自己內在幻想、自戀需求和神經症性衝突的基礎上。**嬰兒想要生存，只能去適應母親的反應，因而遠離自己的真實需求。**就這樣，嬰兒被逐漸訓練成順應母親所給予的，而不是尋找和發現自己所需要的。

創傷發生得太早

放下愛無能、自責、敵意與絕望，
找回安全感與存在感

我曾經參加過一個母嬰關係的課程，學員們觀看一段母嬰互動的錄影，然後給錄影中的母親打分。在這段錄影裡，母親面帶燦爛的微笑，柔聲細語地跟嬰兒說話。她抱著嬰兒的動作格外輕柔，托住嬰兒的頭頸，凝視嬰兒的眼睛，充滿耐心地撫摸著。

大部分人看完錄影，都會給母親打高分。但是如果注意到更多細節，你就會發現其中的詭異——這位母親不停地跟僅有五個月大的嬰兒說：「寶貝，說點什麼吧？跟媽媽說點什麼吧？你看你笑得多燦爛，你喜歡媽媽，是嗎？」

事實上，嬰兒從始至終都沒有笑過。這是一位嚴重產後憂鬱的母親，經過幾個月的藥物治療後，醫生評估她已經走出憂鬱，或許可以獨立帶孩子了，於是拍下這段錄影，以供觀察。

確實，這位母親努力想要做一個好媽媽，可她的狀態其實是由憂鬱轉入躁狂。她跟嬰兒的互動是建立在自己內在幻想的基礎上——她幻想著五個月大的嬰兒可以跟她說話，對她微笑，滿足她躁狂狀態下的自戀——這樣的話，她就是一個好媽媽，嬰兒也是一個好嬰兒。

然而，嬰兒由於跟媽媽接觸比較少，尚未建立起順從的外殼，只能呆呆地看著媽媽。媽媽的微笑和互動對他來說，都不具有真實感。所以，無論媽媽的笑容多麼燦爛，言語行為多麼溫柔可親，嬰兒都拒絕配合，給出反應。

可以想像，如果這個媽媽長期帶孩子，孩子的內在感受將會是，「如果我想生存下去，就得順應媽媽發出的信號，對媽媽的聲音和微笑給予回應，否則媽媽可能會因為挫敗感而放棄跟我互動，甚至對我感到憤怒」。

媽媽將心裡的幻想投射給孩子

在另外一段錄影裡，就出現了這個現象。孩子努力順應媽媽的需求，他會在臉上擠出笑容，但是眼神和頭部的方向卻盡可能迴避媽媽，不看媽媽的眼睛。孩子呈現出一種不協調感，肢體語言僵硬。這就是強迫性順從，即虛假自體。

虛假自體建立的關係是單向的。比如媽媽發出一個信號，這個信號跟嬰兒的真實需求可能沒有關係——嬰兒本來犯睏、想睡覺，但是媽媽覺得他現在入睡不符合科學睡眠規律，或者是自己無聊，想要逗嬰兒，於是發出逗弄的聲音，嬰兒不得不順從媽媽，打起精神，給媽媽回應。

過一會兒，媽媽覺得逗弄嬰兒夠了，或者按照睡眠時間表，他該入睡了，就發出信號，讓嬰兒睡覺，自己轉身離開，嬰兒又不得不接受媽媽的安排，盡快入睡。

在這個過程中，媽媽和嬰兒之間其實並沒有互動，媽媽只是把自己內心幻想的需求投射給嬰兒，讓嬰兒來滿足自己，符合自己的想像。

很多人提起自己的小時候：「媽媽說我小時候特別乖，可以一個人在嬰兒床上待著，很少哭鬧，不管誰逗，都會笑。」這就是順從的虛假自體。因為嬰兒明白哭鬧會帶來更慘的結果，努力笑，才能讓別人多關注自己一會兒，哪怕是低品質的逗弄，也比自己待著要強。可想而知，這樣長大的孩子在關係中會多麼沒有自我，多麼容易放棄尊嚴，委曲求全，把自己放得特別低。

無意義感，讓人走上絕路

真實的母嬰互動，最開始是媽媽完全圍繞嬰兒的需求，幫助嬰兒發現自己的需求，及時滿足嬰兒。等嬰兒大一些，母嬰之間就可以像打網球那樣，彼此輪換著發出和接收信號。每個人都是主動發出信號的一方，也是接收並且回應信號的一方。在這個互動中產生有意義的連結，雙方都能獲得真實的滿足感，這就是幸福的源泉。

虛假自體長大後，會透過一個外殼與世界產生聯繫。這個外殼可能是適應失敗的，比如人際關係一塌糊塗、衝突不斷；也可能是適應良好的，比如透過自身的修養和認知，建立起良好的工作關係、和諧的朋友關係。但致命的問題是，當事人感受不到關係對自己的滋養，感受不到真實的意義。

如果仔細觀察這種關係，就會發現它通常是單向的，缺少互動性和交互性。比如「我向你展示我的才華、我的善解人意、我能給予你什麼」，或者「我向你展示我的柔弱、我的可愛、我對你的依賴」等，雖然這樣也能營造出和諧關係的表象，卻沒有深沉的真實感。

極端適應良好的虛假自體，可能表現出這樣的特徵：每個人提到他，都會稱讚不已——善良、為人著想、才華卓越、謙虛禮貌……然而，誰也沒想到，這樣的人會在事業如日中天時自殺。

虛假自體帶來持久的無意義感、不存在感，自體越是感覺痛苦，越會努力想要

創傷發生得太早

放下受無能、自責、敵意與絕望，
找回安全感與存在感

適應外部環境、搞好各種關係，讓自己變得更優秀，因為頭腦會以為，「我變得更優秀、更強大，和周圍的人關係更好，就可以解除痛苦了」。這就是一些別人眼中的成功者會在功成名就之時絕望自殺的原因——「我已經擁有了一切，內在的無意義感卻沒有減輕，這太讓人絕望了」。

02

虛假自體讓孩子耗盡生命能量

真實自體就像自帶電池的筆記本電腦，一個好的關係可以給自己充電，沒插電源時，也能照常運轉；而虛假自體沒有自帶電池，只要關係斷裂，就像被拔掉了充電線一樣。

創傷發生得太早

放下愛無能、自責、敵意與絕望，
找回安全感與存在感

有一個故事，給我留下了很深的印象：有一位女士，面容姣好，工作體面，身邊經常圍著一群追求者。

但是論相貌，這位女士也算不上美若天仙，那她的魅力究竟在哪兒呢？據說一位富商為了追求她，曾激情澎湃地開了一千多公里的車來到她家樓下，打電話給她說：「我想你了，開了一天一夜的車來看你。」

這位女士卻說：「我現在並不想見你，你也沒有提前跟我約好，所以我不見你。」

富商沒辦法，最後只能悻悻而歸。

我想，大多數女人如果遇到一個男人這樣不管不顧、千里迢迢來看自己，肯定會被感動。即便不感動，內心不願意見，恐怕也會顧及一下對方的辛勞和面子，下樓見一見。

但是這位女士很有自己的中心：我不想見就不見，你趕了一天一夜的路，那是你自己的事。後來，這位女士沒有嫁給富商，而是選擇了一位帥氣體貼、事業蒸蒸日上的男士，婚姻非常幸福。

恐懼對方受傷＋恐懼失去關係

我自己也遇到過類似的事情。曾經有一位追求我的男士，他晚上忙完工作，在去飛機場前，硬是擠出時間跑到我家樓下，想見我一面，可我當時並不想見他。

他苦苦哀求說：「我這麼累、這麼辛苦，本來可以有半個小時在機場休息室吃點東西，但還是繞路過來看你了，連看你一眼，都不行嗎？」聽他這樣說，我頓時感覺很內疚，懷疑自己是不是太絕情了。

我雖然無意跟他發展親密關係，卻也害怕把關係搞砸。我感覺到內心有一股很大的力量在撕扯，使我失去中心，內耗嚴重。

而開頭講到的那位女士，她能夠清晰而輕鬆地維護自己的界限，知道自己要什麼、該拒絕什麼。這讓我開始思考，是什麼造成了我和那位女士之間如此巨大的人格力量差別呢？

回想當時拒絕那位男士的情景，**我看到自己有兩種恐懼：一種是恐懼對方受傷，另一種是恐懼失去關係。**當他滿懷希望來見我而沒有見到，必然會失落，但這個失落是他自己造成的。他選擇了不跟我商量，自作主張跑過來，那麼，他就得承受做出這個選擇的後果。而**我卻把這個責任攬到自己身上，覺得是自己的冷酷，導致他失落。**

媽媽把不幸推到我身上

在我的整個童年，媽媽都在跟我玩這個遊戲，她經常把自己的不幸推到我身上。比如下樓給我買東西時，不小心扭了腳，她就會怪我為什麼偏偏這個時候要東西。我也習慣性地把不屬於自己的責任攬下來，因為我的媽媽太脆弱了，她隨時會崩潰、會威脅摧毀關係。

我恐懼失去媽媽，這是一個根本的恐懼，也是我跟那位女士之間的核心區別：她有真實自體，而我沒有，或者說我的真實自體暫時被劇情包裹著，無法展示力量。

真實自體是可以獨立存在的，而虛假自體必須依賴關係而存在。可以這樣理解：真實自體就像自帶電池的筆記型電腦，一個好的關係可以給自己充電，沒插電源時，也能照常運轉；而虛假自體沒有自帶電池，只要關係斷裂，就像被拔掉了充電線一樣，讓人兩眼一黑，在慌亂中沒有存在感。所以，**虛假自體總是恐懼失去關係，會為了保住關係而做出各種妥協，任憑這些妥協傷害自己。**

界限不清晰，難以拒絕別人

虛假自體常常表現為界限不清晰，難以拒絕別人。更嚴重的是，意識不能安駐在身體上，總是向外尋求刺激。比如沒事情做的時候就不停刷手機、看電視，總是要找一個外面的事物來抓住自己的注意力，不能跟自己安靜相處。

虛假自體是可以發展出優異智力的。因為父母提供的養育環境很失敗，孩子可能選擇過度依賴自己的精神智力來保護自己，不斷思考總結，試圖理解艱難的外界環境，給自己找到生存之路。

比如「真實的媽媽很無能，那麼，我就在腦中發展出一個超能媽媽，來養育自己、教育自己、陪伴自己」。然而，**虛假自體的外在成就越大，內在虛假感就越強，總是在莫名地承受精神上的痛苦。**外在看上去像正常人一樣工作生活，內在卻沒有現實感和自我體驗的真實感，這就是「不存在」的感覺。

內在破碎而空洞

過去，每當有人誇我聰明、有才華，我的內心深處就會升起一個揮之不去的聲音：假的，這都是假的。我把這種感覺告訴別人，別人說：「你的聰明才華是有目共睹的，怎麼可能是假的呢？」

其實，我說的不是外在成就的真假，而是我作為一個人，體驗不到自己的存在感，內在破碎而空洞。也就是說，我的自我體驗是假的。**這種虛假的自我體驗，就像生命底層的毒瘤，讓我無法享受自己取得的任何成就。**這種感覺就像是「活是我幹的，名利是我賺來的，然而享受這一切的人卻無法是我。我看著自己賺來的一切，就像看著別人的東西，沒法去體驗和享受它」。

虛假自體有可能工作很努力，看起來也很有動力，但卻缺乏自然的活力。而真實自體會直接體現在身體活力上，比如有些人高興時，肢體會自發做出動作，揮舞手臂、跳躍、喝彩等，這些動作是真實自體能量自由伸展的體現，因為他能享受當下。

相比之下，虛假自體做出的動作會很彆扭，還會說一些「好棒呀、真美呀、太好啦」之類的空洞、溢美之詞。

如果說真實自體的身體內在是協調、舒適的，包括心臟的跳動、呼吸，都有一個舒適的韻律，那麼，虛假自體體內的能量則是混亂的，他會持久地感到不舒適，但是到醫院檢查卻查不出問題。這種持久的不舒適，會使虛假自體時常把注意力從身體上拉走，去工作、滑手機等。

虛假自體跟身體的關係確實是個大難題。我們要盡量多地把注意力拉回到身體上，透過對呼吸的覺察，透過一些自己喜歡的運動方式，比如舞蹈，去整合自己的身體，讓身體逐步協調起來。

把注意力放在身體上，這是最方便的回到當下的方式。這份注意力會滋養身體，讓破碎的自我逐步完整起來，慢慢找回扎實的存在感。

這個過程著實不易。你會體驗到身體的很多痛苦，過去的麻木因為覺察而一

創傷發生得太早

放下愛無能、自責、敵意與絕望，
找回安全感與存在感

層層浮現，頭腦會不斷把你拉走，離開當下，逃離痛苦。而你需要千百萬次地努力，把覺知拉回當下。

03

越完美的虛假自體，越疲累

得到無條件的愛的孩子，並不會因為父母對自己沒有要求就變得墮落、沉淪，反而會把全部的生命能量都用來發展自己、享受人生，創造彼此滋養、輕鬆無消耗的關係。

虛假自體是養育失敗的結果，母親沒能給予支持性環境，孩子無法在其中發展出真實自體。那麼，我們可以透過什麼方式，從虛假自體走向真實自體，體驗到活著的意義呢？

我們首先需要覺察到虛假自體是如何運作的。這個運作過程很難被覺察，因為它是從嬰兒期開始就被寫入大腦的程式，如幕後程式般，每天自動運行。**想要覺察，需要很勤奮地練習覺知。**

虛假自體讓我展現燦爛笑容?!

比如我發現自己每次見到韓雪的女兒小詩迪，臉上都會自動露出燦爛的笑容。這個笑容看上去似乎很合時宜：我看到一個可愛的孩子，作為一個成年人，面帶笑容，很正常啊！但問題是，我覺察到這裡面包含著一個模式——只要我看到小詩迪，就會立刻面帶笑容，這其實不正常。

我看到孩子時，不可能每一次都心情燦爛。那麼，當心情不好，我對小詩迪展現的笑容難道是一種虛情假意嗎？我見證了韓雪跟丈夫從相識到相愛，最終誕生小詩迪的整個過程，這個過程中我也出了不少力，所以我很愛小詩迪。而且，小詩迪從小生活在充滿愛和自由的環境中，確實人見人愛，我對她的情感並不虛假。於是，我反覆覺察整個過程，想要揪出矛盾的源頭，同時也發現：這背後程式的運轉竟然如此迅速，並且難以覺察！

我對小詩迪的情感是真實的，很想跟她親近，但是當我看到她時，我的虛假自體立刻接管了這個關係，使我瞬間露出標準的表情：笑容燦爛，眼神溫柔地凝視，以滿足孩子的需求。

也就是說，虛假自體程式把我瞬間包裝成一個心理學上「足夠好的媽媽」。整個過程行雲流水，完全自動，絲毫不需要我的意識參與，就像鳥兒聽見槍響會立刻飛走一樣，已經成為一種本能反應。但鳥兒不會去思考自己為什麼聽見槍響就要飛走，生而為人的寶貴之處就在於，我們可以對習以為常的自動反應進行覺知，用覺知切斷慣性。

放下完美，展現真實

我細細品味自己跟小詩迪的關係，結果發現一個令人驚訝的事實：我其實並沒有很享受這個關係。

在這個關係中，我做得很好，小詩迪也確實招人喜愛。但看護小詩迪一會兒，我就會覺得累，想把她交給別人，我在這個關係中，沒有感受到滿足和滋養。於是，我開始懷疑自己：李雪，你是不是真的沒救了？你是一個心理閉塞、愛無能的人，你不適合養孩子。然而，當我理解了虛假自體，覺察到虛假自體是如何自動接管我跟小詩迪的關係，從而破壞這個關係的真實連結時，我明白了——不是我對小詩迪的情感虛假，也不是我愛無能，只是真實的連結被虛假自體橫插一刀，導致我不能享受到關係帶來的真實感和滿足感。

虛假自體就像一個急速運轉的程式，它會消耗能量，所以跟外界建立的關係不能維持太久，否則就會覺得累。

很多內向的人之所以內向，就是因為關係對自己的消耗大於滋養。越完美的虛假自體，運行起來要消耗的能量就越多。他或許會給別人帶來很好的感覺，留下很好的印象，但是對於自己，卻是種消耗。有些人與別人見一次面，就需要休息一兩天才能緩過來。

那麼，如果我們不用虛假自體接管關係，會表現成什麼樣？真實本性的自己會不會很自私、很笨拙，不知所措地搞砸關係？

於是，當我再次見到小詩迪時，就嘗試不讓自己進入虛假自體的程式，不再試圖去做一個完美的客體。

當她靠近我，我只是看看她；她爬到我懷裡，我就摸摸她，給她一些支撐，以免她摔倒；她想爬走就爬走，想哭就哭，我只是單純地把她抱在懷裡，順其自然地拍拍，並沒有想要哄好她。

小詩迪對我微笑，她的笑容富有感染力，我會不自覺地跟著嘴角上揚。整個過程輕鬆流暢，沒有出現什麼不好的結果。於是我明白了，**真實自體並不會自私、笨拙，不知所措的其實是虛假自體**。

對於虛假自體來說，面對一個新鮮場景，如果頭腦儲備庫裡沒有相應的「我應該怎麼表現」的程式，就會感到無助。

原來我可以什麼都不做，也能被接納

有次，我參加一個家庭聚會，大家都在聊孩子上學和旅行的相關話題，因為他們的孩子都在同一個學校，也經常一起旅行。我就像一個局外人，插不上話。

按照平時習慣的那個虛假自體，我應該是那個才華橫溢、能夠給大家帶來心理學知識、能夠幫大家答疑解惑的導師，是個聰明伶俐、幽默可愛的角色。但是在這個家庭聚會的場景裡，我沒有可以應對的角色，因此感到不知所措。

我問同行的朋友：「這種情景下，我該怎麼做？我不知道自己該說什麼、做什麼。」

朋友很輕鬆地說：「你就坐在那裡，什麼也不用做，這樣也很好。」

這句尋常的話，突然帶給我很大震撼——原來我可以什麼都不做。也就是說，**我可以不啟用任何虛假自體程式來應對關係，什麼貢獻也不必有，別人一樣可以接納我的存在，而這本來就應該是關係的常態。**

聯想到我的童年，我幾乎沒有怡然自得的時候。我必須時刻留意媽媽的動向，她在做家務，我就要去看她的臉色，表現出一個好孩子的樣子，要嘛在緊張地寫作業，要嘛也在做家務。真是活得非常累。

一個孩子，本來就可以即使不做任何貢獻，不討好父母，沒有考出好成績，也能得到父母無條件的愛和關注。父母僅僅是因為想要把愛傳承下去，所以選擇生下他。得到無條件愛的孩子，並不會因為父母對自己沒有要求就變得墮落、沉淪，反而會把全部的生命能量都用來發展自己、享受人生，創造彼此滋養、輕鬆無消耗的關係。他不會繞彎，建立各種虛假自體來消耗自己，他的生命天然富有真實感和意義感。

通往真實自體之路確實不易，但不是毫無可能。無論我們現在年齡多大，只要有一個瞬間能夠感受到真實，感受到無條件的存在，都是巨大的進步。堅持活著，不要放棄。

04

碰觸真實的世界

一個孩子，不應該因為不完美而被父母攻擊；一個成年人，也不應該因為做得不好就被親朋好友指責。

當懷有一顆渴望光明的心時，我們會發現，所有人都值得被好好對待。

有很長一段時間，我每週都會接受一次心理諮詢。諮詢師身在臺灣，所以我們只能透過視頻溝通。但是有好幾次，我完全忘記了，錯過了諮詢時間。我很想請求諮詢師下一次提前發郵件提醒我，卻一直沒能說出口，因為我頭腦裡有一個嚴厲的聲音在說：「記住諮詢時間是你自己的事，別人沒有義務提醒你。你不應該提出這麼過分的請求！」

但有一天，我還是忍不住對諮詢師說了。出乎意料，他很高興，因為他看到我在積極地發出連接的意願。事實上，他很願意發郵件提醒我，很願意為我做這件事。

我的任何請求都會被媽媽攻擊

於是我開始思考：為什麼我對自己這麼苛刻，如此擔心提出的請求過分？

我想起上初中的時候，學校組織冬天去北京旅遊。我想穿新衣服出門，於是問媽媽能不能穿她的羽絨服，媽媽卻憤怒地指責我：「從小愛慕虛榮，連媽媽的羽絨服都想剝奪，簡直蛇蠍心腸。」

創傷發生得太早

放下愛無能、自責、敵意與絕望，
找回安全感與存在感

這麼可怕的罪名，忽然扣到我頭上，我頓時感覺自己犯了天大的錯。類似的事情還有很多，我但凡提出一個請求，都會被媽媽惡意責難。更要命的是，那時的我，還不能區分什麼請求是過分的，什麼請求是合理的。**因為任何請求都會被媽媽攻擊，我沒有機會碰觸到現實的邊界感。**

英國哈利王子的妻子梅根・馬克爾出生於貧民家庭，是個不知名的演員，還是非洲裔混血。這樣一個女人，與萬眾矚目、出身高貴的王子走在一起時，卻自信滿滿、神采奕奕。這是什麼原因呢？可能是因為，梅根從小就是一個敢於提出請求的人。

有一次，她看到電視上的洗滌劑廣告宣揚「女人屬於廚房」，感到很憤怒，想要為此做些什麼。梅根的爸爸鼓勵她表達自己的想法，於是她給包括當時的第一夫人希拉蕊・柯林頓在內的很多名人都寫了信，其中很多人都回應了她，廣告公司也因此改了廣告詞。

這讓梅根相信：我可以向這個世界發出聲音。這個世界是善意的、願意回應我的；即使不回應，我也不會怎麼樣。這或許就是梅根能自信滿滿地跟哈利王子走在一起的原因之一吧！

而中國父母遇到這種情況，多數會數落孩子：「你太幼稚了，別癡心妄想誰會理睬你，社會就是這樣，沒事找事，遲早是會吃虧的。」**這樣的回應，其實是對孩子的攻擊，讓孩子認為外部世界充滿敵意，別人不會善待自己。**

將媽媽的攻擊合理化，並開始自我攻擊

我上小學時，曾經有一位語文老師很和善，很多小朋友都喜歡她。放學後，老師時常會邀請幾個住得近的孩子去她家玩，我也在其中。

這段時光很難得，我在老師家體驗到了少有的輕鬆快樂的感覺。後來媽媽知道了，嚴厲地告訴我：「其實老師很討厭你去打擾她，只是礙於面子，不好拒絕你而已。你別再厚著臉皮去惹人煩了。」

這樣的話，媽媽反反覆覆地說，以至於我分不清哪個是現實，哪個是假象，最後留在我心裡的，只有絕望：美好和善意是不可能的，外面的世界都討厭我。

後來我升入高中，偶然間又遇到了這個語文老師，發現她懷孕了，大著肚子，一臉幸福。她熱情地邀請我和媽媽去她家吃飯，媽媽同意了，我特別高興，

想把家裡的一本護理書送給老師，媽媽也同意了。

可是吃完飯回家後，媽媽陰著臉，對我說：「你對小學老師這麼好有什麼用？她不可能再教你了，你還對她好，把家裡唯一一本護理書送給了她。要是你以後生病了，我都不知道該怎麼辦了。」

被媽媽「洗腦」後，也覺得自己愚蠢可笑，「一廂情願對別人好，真是傻啊」。我內心深處藏著的一塊柔軟之地終於被絞殺了。從此以後，我再也沒有聯繫過這個在小學唯一給過我溫暖的老師。

我提出請求，對外面的世界發出聲音，最後都遭到媽媽的惡意解讀和攻擊。**這種攻擊，最終內化成我對自己的攻擊——嚴苛地要求自己必須獨立自主，恐懼向別人提出請求，恐懼表達善意，也恐懼接受善意。**

我對外部世界的敵意過度敏感，又毫無抵抗力。很多時候，當別人，尤其是親近的人汙衊、詆毀我時，我的反應不是反抗和捍衛自己，而是自我懷疑、自我攻擊，「我是不是真的像對方說得那麼惡劣？我是不是有很多地方做得不好？如果我有做得不完美的地方，我就活該被攻擊！」

我已經把媽媽對我的攻擊完全合理化了，並且開始習慣性地自我攻擊。可是，人都會有不完美之處，作為身邊親近的人，發現對方有問題，不應該藉此攻擊，而應幫助對方覺察和成長。

一個孩子，不應該因為不完美而被父母攻擊；一個成年人，也不應該因為做得不好就被親朋好友指責。當懷有一顆渴望光明的心時，我們會發現，所有人都值得被好好對待。

05

成為善意的源頭

真正的善意是無論結果如何，都為自己負責——「我向這個世界發出善意，得到回應很好；沒有回應，我也保持了內在的寬廣和平靜」。

除了冷漠回應，媽媽對待我還有一種模式，就是「不情不願地自我犧牲」。

記得上初中時，有一次逛街，我說想吃巧克力和牛肉乾，媽媽給我買了，可是回家後，她突然開始指責我：「你知不知道這些零食有多貴？我們家沒錢，你還要吃這麼貴的零食！」

我感到很委屈，淚水一直在眼眶裡打轉。我對媽媽說：「家裡沒錢，你可以不給我買，請你不要買了之後，又來指責我。」媽媽當時沒有說話，我以為她聽懂了，但是後面發生的事情，卻讓我跌破眼鏡。

後來她再帶我逛超市，我學乖了，只買一樣零食，媽媽卻硬是多拿了一些塞給我。等回到家，我剛開始吃，媽媽又指責我，說我一天花掉的錢比她一星期的生活費還多。

我想，每個孩子受到這樣的指責都會憤憤不平，寧可不吃零食，也不願意承受這樣的壓力和痛苦。

始終帶著怨氣的母親

我曾經寫過一篇文章〈付出感是婚姻關係的殺手〉，其實不只是婚姻關係，在任何關係中，一旦有一方總覺得自己在為對方付出，那這個人就已經喪失了主體性，愛也就不存在了，只剩下累積起來的憤怒和痛苦。

媽媽為我做每件事，幾乎都帶著怨氣，這是因為她自身的能量非常弱。當一個人能量微弱時，回應別人是對自己的損耗。只有當一個人能量正常時，彼此回應才能夠創造滋養和快樂。媽媽的能量，供她自己活著就已經不容易了。我發出信號，請求她回應，在她看來，就是對她的侵犯。

她其實對我有些不滿，但有些事情又不得不為我做，比如半夜起床帶幼小的我去上廁所。充滿怨氣地做事，就像是一種自我犧牲，慢慢地形成慣性。以至於到後來，媽媽甚至會故意找自我犧牲的機會，來累積道德資本。

我盡量不提出請求，不給人添麻煩

我本以為自己覺察出了這些，它們就不會再困擾我。但事實上，**它們一直深刻地影響著我生活的方方面面。**

比如我去理髮店洗頭，有時水溫不夠熱，有時服務員扯得我頭皮疼，有時我想停下來起身接個電話……每當遇到這些情況，我都很難提出請求，就好像有什麼東西卡在喉嚨裡一樣。

我覺察到在這個過程中，我預設了服務員是不情願為我服務的。他們拿著那麼少的工資，手頭有很多事情要做，所以我最好乖乖不要動，不要提出額外的要求，盡量不給他們添麻煩。

雖然從理性上講，我知道自己花了錢，有資格享受服務，提出的要求也很合理，但就是有一種特別沉重的壓力，壓得我開不了口。

其實，在任何需要別人為我服務時，我都會控制不住地想像對方是不情願的。而之所以在洗頭時這種感覺最強烈，我猜測是因為姿勢——洗頭時，我躺著，服務員在我頭部站著，這個角度特別像嬰兒躺在床上看著媽媽，而這會更強烈地引發我的無助感。

或許，我在嬰兒時期就已經感知到：眼前這個我完全仰賴的人——我的媽媽，並不心甘情願地哺育我。我得乖乖的，不要添麻煩，盡量降低自己的需求，以避免被嫌棄，甚至被攻擊。

嬰兒期的感受會深深植入身體每個細胞，哪怕我現在已經有了清晰的覺知，依然發不出自己的聲音。

這件事情也啟發了我：我們在做自我覺察時，需要重視身體姿勢。如果你有孩子，當你向孩子表達愛，尤其是想要修復孩子嬰兒期創傷的時候，可以嘗試坐在床上，把孩子的頭抱在懷裡，用充滿愛意的眼神凝視他，向他表達愛意，同時也傳遞歉意——「寶貝，當你還是小寶寶的時候，有時候，你一直哭，媽媽很不耐煩。媽媽現在向你道歉，現在媽媽有能力看見你、回應你，為你做的每件事情都心甘情願，因為，媽媽愛你。」

情侶之間也可以這樣彼此安撫。讓對方把你的頭抱在懷裡，彼此凝視，說甜蜜的話，幫助彼此療癒嬰兒期的創傷。**過去已經發生的事情我們沒法改變，但是現在，我們可以盡可能地給自己創造新的體驗。**

覺察自己的投射

因為遭遇過太多的無回應、連續攻擊和不情願的付出，我發現自己遇到事情時，對外部世界的想像通常都是消極的。

比如在網上買東西，收到後過了好幾天，才發現有缺件或破損。我的第一反應是很急、很氣，心想對方肯定會賴帳。但實際上只要我主動溝通，大多數賣家都是願意承擔責任的。

幾次類似的經歷後，我開始覺察自己的投射。**當發生衝突時，先靜下來，平靜地表達自己的需求，不去想像對方站在自己的對立面。**

有次，我發生了一點小意外，心想多虧提前買了意外傷害保險，這下派上用場了。然而轉念一想，我有些資料準備得不完善，保險公司一貫是能不賠就不賠，他們一定會千方百計難為我、苛扣我。

當我這麼想的時候，我發現自己就像是媽媽附體一樣，抱著一種「外面的世界很黑暗，別人都不會善待你」的心態。

讓自己放鬆，學習用善意對待這世界

覺察到這一點後，我努力讓自己放鬆下來，試著用善意去想像外部世界。

我把手頭能找到的資料都蒐集起來、裝訂好，帶著善意和希望把資料寄給保險公司。結果出乎意料，對方收到資料後，非但沒有為難我，還替我想辦法補齊資料，最終獲得的賠付金額，也比我預期的多。

可能有人會問：「你善意地期待對方，對方不回應你的善意，怎麼辦？」發出善意，確實能夠提高我們被友善對待的機率，但仍舊遭遇敵意，也是有可能的。

如果覺得「只要我發出了善意，別人就一定會用同樣的善意回應我」，這就是陷入全能自戀的躁狂妄想了。

如果善意沒有得到回應，也沒關係。比如就算獲得的保險賠付很少，我也不會被摧毀，我照樣好好活著。**在準備資料的過程中，我抱有善意，收穫了內心的平靜**；若是抱有敵意，那也是自己受罪。

真正的善意是無論結果如何，都為自己負責——「我向這個世界發出善意，得到回應很好；沒有回應，我也保持了內在的寬廣和平靜」。

對於孩子來講，父母就是整個天地，若是得不到父母善意的回應，就會像天塌了一般。而作為成年人，我們的世界很寬廣，無論有沒有被好好對待，都可以保持內在的陽光。不必恐懼自己的善意，也不必因為得不到回應而羞恥、憤恨，因為我們自己就是善意的源頭。

第三章

平衡自戀維度與客體關係維度

01

脆弱自戀的表現

用愛和自由養育孩子，盡量及時回應，痛苦地滿足孩子，不要故意製造挫折。

這樣做，孩子的內心自然會寬廣、穩定。

什麼叫「脆弱的自戀」？比如我有一個想法，它順利實現了，我的自戀就得到了滿足；它沒有順利實現，我的自戀就被破壞了，會觸發「活不下去」的情緒反應，因為「我的渴望死了，就等於我也死了」。

這聽上去很荒唐，然而對於嬰兒來說，這就是現實。

嬰兒的渴望無非是得到撫慰和餵養，如果得不到，就意味著活不下去。嬰兒沒有能力自己撫慰自己、餵養自己，他只能等待。在等待的過程中，他不知道要等多久才能得到回應，每一秒似乎都是無窮無盡的，都可能意味著死亡。對於嬰兒來說，沒有獲得及時回應的境地就是絕境。

一個人如果在嬰兒時期經常得不到回應，自戀就會嚴重受損，形成非常脆弱的自戀結構。

有著脆弱自戀的人，容易對時間缺乏概念，倘若發出信號，沒有立即被回應，就會覺得整個人都被打擊，內心很痛苦。

擁有脆弱自戀的人，總希望對方能馬上回覆

有很多人跟我說，與異性朋友微信聊天時，如果對方遲遲沒有回覆，自己就會不斷地想，「他是不是不喜歡、不在乎我？是不是我哪句話說錯了，得罪他了？要不然就是昨天見面時，我表現太差，他其實已經討厭我了……『甚至』他不會是遇上車禍了吧？」事實上，對方可能只是正巧有事，手機不在身邊，或者只是單純地想要獨處一段時間，不想回微信而已。

脆弱的自戀會讓人忽略時間因素，希望每件事情都能夠立刻被回應，事事如意。在學習、工作上，也是如此。有個男孩，平時不學習，卻認為自己只要考試前複習一下，就能考全班第一，這也是沒有時間概念的自戀。他覺得，只要動一動念頭，事情就能成了，不需要時間的累積和努力。當然，最後的考試成績很糟糕，於是他又陷入了徹底的無助，認為自己一無是處，然後焦慮發作，沒法上學。這是一個比較極端的案例。

但在現實生活中，我們也時常可以看到自戀受損對工作和生活造成的影響。比如，有的人很聰明，看別人下象棋，自己琢磨一陣子，水準就已經超過很多下

了好幾年的人。但他如果想晉級專業棋手，就需要背棋譜、記套路等，因為專業棋手不能全靠悟性，還得加上努力練習。

這個時候，他就會抗拒，因為這會破壞「我大腦動一動，就能遠超他人」的自戀。對於有著脆弱自戀結構的人來說，這是難以承受的。

焦慮無邊無際地蔓延

我自己也經常陷入沒有時間概念的躁狂狀態。有一次，我看見家裡很亂，產生了整理的念頭，於是頭腦就開始籌劃如何完成這件事情，比如測量需要購置多少個儲物箱。以上這個層面，我是活在當下的，頭腦作為一個工具，在履行它規劃、測算的職責。

但頭腦豈能容忍自己僅僅被當成工具？它立刻發動了反攻，把整件事情據為己有，於是我開始感到焦慮：這麼多東西，我什麼時候才能收拾好？等儲物箱寄來雲南還得一兩個星期，搞這個雪居，真是給自己帶來太多麻煩了……我看到自己的，簡直要上升到反思人生所有決定的程度。

這種焦慮感我非常熟悉，一旦我想要做某件事情，尤其是些複雜的事情，它就會湧現。

頭腦、自我沒有時間概念。頭腦想像一件事情應該是怎樣的，就希望事情立刻變成那樣，等待、琢磨、改進，這些跟事物本身在一起的過程，對頭腦來說是難以忍受的。然而，如果想尋求一種「靈丹妙藥」，立刻解除這種躁狂狀態，這本身就是陷入了躁狂。

如實如是的世界

我們需要的是，意識到不被頭腦掌控的世界是一個如實如是的世界。屋子雜亂是一個事實，這個事實本身並沒有好壞，也不會影響一顆活在當下的、覺悟的心。

收拾可以，不收拾也可以。如果要收拾，就要有時間的概念——它需要等待和規劃，需要花時間一點點去做。而無論如何，我們都可以享受此刻，並不是必須要等到收拾好了房間才能舒服。這就是現實的時間感。

有的人研究事物時，既能夠獨立思考，也能夠廣泛參閱各種資訊、與人交流探討，而有的人卻只會閉門造車。比如挑戰哥德巴赫猜想的陳景潤，他一直密切關注最新的行業動向，跟同行保持交流。先從難度較低的數學難題開始，培養自己的能力，最後才挑戰這個終極難題。

而同樣是數學天才少年的劉漢清，他受到陳景潤故事的激勵，也想挑戰哥德巴赫猜想，但他的做法是隔絕跟外界的一切聯繫，閉門造車，最終落得依靠補助生活。

而且，當有人把他的研究成果拿給一些著名的數學教授看，教授指出其中的邏輯錯誤時，他也視而不見。這就是脆弱自戀的表現——「我不需要靠任何人，只靠自己的腦袋就可以創造奇蹟，一鳴驚人」。

有人指出問題，就是對自戀的摧毀，也是對「小我」的摧毀，會導致痛不欲生的感覺。正因為如此，劉漢清才會隔絕外界的資訊，隔絕事實，繼續活在自己的世界中。

擁有脆弱自戀的人，總想證明自己是正確的

在工作中，脆弱自戀的人會把自己的正確性看得比做好工作本身更重要，這種情況經常會在會議中看到。本來，大家召開會議是為了討論怎麼做更符合現實、達到目標，但脆弱自戀的人很容易把發言的重點變成「證明誰更正確」。如果事情搞砸了，他的重點就會變成「證明錯誤是別人的，我沒問題」。

對於人格穩定的人來說，正視錯誤，改正它，繼續把事情做好就行了。但是**脆弱自戀的人會覺得，「我的觀點錯了，就等於我這個人錯了，那我就要死掉了」。所以，他要拚命捍衛自己。**

有些媒體報導也有這樣的傾向。報導一個成功的人，經常把他描述得如同神人般，彷彿只靠他一個人英明神武的決策，商業奇蹟就出現了，一連串的商業奇蹟自然而然地成就了一個商業帝國。

但真實的人，怎麼可能個個都英明神武？決策從做出到落地的過程，怎麼可能順風順水？在此期間，必然要應對各種意外，扛住各種挫折。而有些媒體總是喜歡忽略平凡累積的過程，只摘取那些符合全能自戀想法的部分來報導，給人一

種「成功可以一蹴而就」的錯覺。

事實上，很多非凡的商業想法都不是一個人的靈光一閃，只不過能夠把想法一步步落地實現的，是那麼一兩個格局寬廣、信念堅定的人，而成功最終屬於他們。

那麼，怎樣才能擁有寬廣格局和堅定信念？如果你是父母，用愛和自由養育孩子，盡量及時回應，痛快地滿足孩子，不要故意製造挫折。這樣做，孩子的內心自然會穩定，能夠承受生命的重量，懂得時間概念，願意一步一腳印地累積、努力，同時又保有創造力。

成長需要學會對事實妥協，對挫折認栽。這會很痛，但痛過了就繼續前行，聆聽內心的召喚，繼續做自己想做的事。如果奇蹟發生，心懷感恩；如果奇蹟沒有發生，也很正常，這就是人生。

02

體驗痛苦，保持覺知

請一邊體驗當下的痛苦，一邊保持覺知：死掉的是我的自戀，是劇情中的嬰兒，不是我，我不會死掉。

生活總是有各種意外和不完美，但生活依然會繼續。

越是生命早期經歷的模式，我們越容易深深地認同。大多數人生理上已經長大成人，可心理的核心劇情模式仍停留在嬰兒水準，這是因為嬰兒時期沒有過好。

你不回應我，我就會死掉

我自己也是這樣，男友不願意回應我，我就加大音量，甚至歇斯底里地吼叫。這其實是一個經典的嬰兒劇情：我需要你，你不回應我，我就哭；不斷加強哭聲，試圖喚醒你，你再不理，我就哭到撕心裂肺、肝腸寸斷。

嬰兒沒有反思的能力，沒辦法換個模式跟父母溝通。嬰兒的劇情就是簡單的「你不回應我，我就會死掉」。把這個劇情認同成自己模式的人，往往都會在親密關係裡「死磕」，拚命向「愛無能」的人索愛，因為如果停止哭泣，就好像自己要死掉一樣。

這個劇情很荒誕，但由於創傷發生得太早，從嬰兒時期就開始了，以至於我們會全身心地認同。這種認同，不僅是心理上的，也是生理上的，因為生命早期的經驗已經形成了我們的腦神經迴路，神經肌肉細胞的記憶會讓我們一遍又一遍地重複過往的體驗。

不完美就會死掉

這個劇情已經很讓人痛苦，然而壞事總是成雙，它通常還伴隨著另外一個可怕的劇情：不完美就會死掉。

我養過一隻鸚鵡，這隻鸚鵡有很高的情感需求，白天幾乎每時每刻都需要人陪。有天保母不在，我就把鸚鵡關在天臺的籠子裡，牠撕心裂肺地喊叫，而我卻沒有心力回應。

那個時候，我只想一個人待著，同時覺得自己好差勁：養了牠，卻沒有能力滿足牠。在我脆弱的自戀幻想中，自己應該是全能完美的，能夠搞定一切事情。所以，哪怕是一隻鸚鵡，當牠瘋狂地呼喚愛，而我沒有能力給予時，我的自戀都會破碎，繼而覺得自己整個人都碎掉了。

產後憂鬱的媽媽們，也是這樣的心理模式。面對一個總是在哭泣、怎麼哄也哄不好的嬰兒，媽媽會覺得自己很差勁，生孩子是不可饒恕的錯誤。嚴重的時候，媽媽會因為這種無法承受的破碎感而自責，甚至自殺。

對很多產後的媽媽來說，這是她最脆弱的時候，這個時候周圍的人千萬不要再去指責她為什麼哄不好孩子，而應該盡可能地陪她一起帶孩子。

誰導致我的自戀受損，誰就應該去死

自戀受損的痛苦，還有另外一種截然相反的表現方式：誰導致我的自戀受損，誰就應該去死。

以下場景並不鮮見：孩子摔倒大哭，父母不但不安慰，還狠狠地責罵，甚至毆打孩子；孩子生病了，也會被父母打罵。這是因為在父母的自戀想像中，一切都應該如同想像一般順利完美——孩子永遠不會摔倒哭泣，永遠不會生病，永遠不會惹任何麻煩。有這樣一個沒有任何需求和依賴的孩子，才能證明自己是完美的父母。

我曾經見到這樣一幕：在高速公路的停車場上，停著一輛車，一個年老的女人站在車旁給一個小女孩餵速食麵。從小女孩的年齡來看，她完全可以自己吃，但女人依然堅持要餵。

過了一會兒，司機上車啟動了發動機，響聲嚇了小女孩一跳，女人隨即狠狠地責罵孩子：「你怎麼不看著點？吃吃吃，就知道吃！怎麼不把你撞死！」

事實上，選擇在車旁餵飯的分明是女人自己，如果說有安全風險，也是她作為一個成年人的責任。只不過，這個意外打破了女人自戀幻想的世界——「一切都在我預料之中，旁邊的車永遠不會啟動」。所以當意外發生後，她立刻抓住一個可以怪罪的人——當然是最弱小的孩子——狠狠地咒罵。

「壞的都是別人，錯的都是別人，惡魔都是別人；而我是好的、聰明的、完美的」，這樣就可以保護自我不破碎，不用去體驗自戀破碎帶來的痛苦。

我們能接納各種意外和不完美

事實上，作為成年人，我們的人格是可以有韌性和寬度來接納生命中的各種意外和不完美的。

某人不回應我，我其實不會死；我沒有回應鸚鵡，也只是在那個當下沒有力氣回應而已，不等於我永遠不會回應牠，也不等於我養牠就是個錯誤，更不意味著我就是一個不完美的人，或者鸚鵡是一隻不完美的鸚鵡。**關係不完美，但它依然可以存在。**

當我們陷入嬰兒的劇情中，覺得自己快要「死掉」時，請一邊體驗當下的痛苦，一邊保持覺知：死掉的是我的自戀，是劇情中的嬰兒，不是我，我不會死掉。

生活總是有各種意外和不完美，但生活依然會繼續。

03

展現真實自體

想要保持自戀維度和客體關係維度的平衡，關鍵在於恢復我們的真實自體。

只有在真實自體中，這兩個維度才沒有此消彼長的衝突。

所謂自戀維度，指的是一個人能夠多大程度地按照自己的意願、遵循自由意志而活，也就是我們常說的「綻放自我」。如果綻放自我的同時，還能夠連結事物本質，那麼自戀就會轉化為創造力。比如特斯拉的創始人伊隆•馬斯克，就是自戀維度充分伸展的代表性人物。

客體關係維度，指的是一個人的心理發育能否感知到客體的存在，能否跟客體建立真實有意義的連結。在充分伸展的狀態下，它表現為一個人願意向客體發出聲音，期待被回應，也願意看見真實的客體，回應客體的聲音。

比如媽媽跟嬰兒對視，咿咿呀呀地彼此回應，雙方都沉浸在喜悅、甜蜜中，這就是客體關係的深度連結；比如夫妻之中一個人感到失落，另一方既清楚地知道自己不必為對方的感受自責，同時也很關心對方為何失落，並願意傾聽和陪伴。

一個人的客體關係能力發展到什麼程度，能否從關係中獲得享受和滋養，基本上取決於在他成長的過程中，重要撫養者能在多大程度上看見他、回應他。

孩子從自戀維度走向客體關係維度

自戀的頭腦，無法理解母子間咿咿呀呀的交流有什麼意義——這種交流既無法解答某個問題，也無法創造財富。所以，只活在自戀維度的人，可能會覺得客體關係的連結沒有實際意義，無法理解，也難以掌握。

對於嬰兒來說，他的自戀維度和客體關係維度是合一的。嬰兒唯一願意接受的客體關係就是，媽媽完全順應我，心甘情願地為我所用，滿足我的自戀。**得到自戀滿足的嬰兒，心理上才能準備好去接受獨立於自己之外的客體世界。**

所以，如果媽媽既能在孩子小時候充分滿足其自戀，又能擁有自我邊界，那麼孩子在成長的過程中就能夠按照自己的意願，表達自己的邊界，做真實的自己。

孩子透過跟媽媽的關係，既能感受到客體是善意的、願意滿足自己的，又能感受到客體獨立於自己之外，個體意志需要與外界協商。這時，孩子才能從一元的自戀維度，走向二元的客體關係維度，既不讓自戀受損，又能碰觸到真實的邊界。

兩種矛盾的渴望

對自戀沒有得到滿足的嬰兒來說，由於幼年時期自戀維度和客體關係維度都沒能充分伸展，長大後就會既渴望得到自戀滿足，又渴望得到客體關係。但這兩種渴望經常是矛盾的，此消彼長。

一個自戀受挫的嬰兒，從小不被看見，兒童期又被很多規矩所控制，他會因得不到回應或受到攻擊而痛苦，也會對伸展個人意願感到恐懼。所以，他需要學習發展出一套虛假自體來維護關係——把「我是一個對別人好的人，我是能夠照顧別人感受和需求的人」放在主要位置。這樣的人，通常活得不夠恣意和精采，因為缺乏長時間專注地與事物本質連結的經歷體驗，往往欠缺過人的才華，很難在事業上獲得大成就。

不過，有一種情況例外，那就是，雖然嬰兒期自戀受挫，但是因為得到了比較多的自由空間，有的人會選擇隔離客體，轉而專心發展自戀維度。比如蘋果公司的創始人賈伯斯，他就是那種「按照自己的意願來生活，對於客體關係，只要自己認為合理就好」的人。

然而，現實生活中，每個人認為的「合理」大不相同。比如，有些賺錢養家的丈夫認為「我能賺錢、不家暴，就是完美老公了，妻子不該有任何不滿」。有些控制欲強的媽媽會認為「我每天對孩子歇斯底里，也是合理的，因為我是為了孩子好」。

隔離客體的人不關心客體的真實需求，會避免讓自己體驗到複雜的情感，比如羞恥、愧疚和同理心，這樣也就迴避了複雜的責任，比如回應、理解和安撫客體。

對於隔離客體的人來說，如果要把精力投入到客體關係中，去體驗一堆複雜且難以消化的情感體驗，就會導致才華受損。換句話說，如果這樣的人能在某個領域專心發展個人才華，直接連結事物本質，他就有可能成為這個領域的天才。

這樣的天才，或許會深受合作夥伴和員工的敬愛，但在親密關係中的表現，卻往往很糟糕。拿賈伯斯來舉例，他的戀人因他墮過胎，還為他生了一個女兒，但賈伯斯對戀人非常冷酷，甚至最開始連女兒的身分，都不願意承認。

有一位朋友向我傾訴，說自己的老公很聰明，人也善良，特別願意照顧別人的感受。她問我：「這麼好的一個人，為什麼事業上總是沒什麼大進展呢？他跟金錢的關係是不是出了問題？」

我反問：「如果給你換一個事業有成的老公，但是他沒有能力看見你，給不了你情感回應，你要不要？」

魚與熊掌不可兼得。才華橫溢卻又隔離客體，這種情況通常發生在童年時期沒有得到愛，但所幸擁有很多自由的孩子身上。

放棄對「我是完美的」這種虛假自體的執著

在孩子探索世界的過程中，父母沒有過多的、自以為是地加以干擾，才使得孩子的天性得以保全。

如果一個人童年時既得不到愛，也得不到自由，那麼，他的自戀維度和客體關係維度就都會受損。想要在這兩個維度上找到平衡，同步發展，是很不容易的事情。

為了維護客體關係，或者說因為害怕失去某種關係，人們往往都會誤入虛假自體的歧途。當然，虛假自體有適應不良的，也有適應良好的。但是，哪怕是適應非常良好的虛假自體，也只能帶來優秀的人才，而無法產生某個領域的天才。

想要保持自戀維度和客體關係維度的平衡，關鍵在於恢復我們的真實自體。只有在真實自體中，這兩個維度才沒有此消彼長的衝突。

當我們不斷剝離，放棄對「我是完美的」這種虛假自體的執著，回到當下，依照本心生活，就能夠逐漸建立與事物或者他人的真實連接。這就像是埋進大地的一顆種子，它的生命力是蓬勃而持久的，終有一天，我們能夠收穫真實的存在感。

04

臣服於真相，允許一切發生

童年，並不是孩子做得更完美一些，父母就會變得更好一些。
未來，也不是你走的每一步都正確，結果就一定會如你所願。

強迫症是怎麼形成的？對於這個問題，學界有很多觀點，但目前還沒有定論。佛洛伊德認為，強迫行為是為了防禦內心骯髒和罪惡的衝動。比如一個銀行職員，他出現了反覆數錢的強迫性行為，明知道沒必要再數，卻仍然控制不住。表面上的理由，是怕自己數錯錢，給銀行造成損失。實際上，他可能是在防禦自己想把錢占為己有的罪惡念頭。

在數錢的過程中，他象徵性地占有了這些錢，滿足了自己的欲望；同時，強迫性數錢帶來的痛苦，還懲罰了頭腦中罪惡的想法。

與這個例子類似，有的人常害怕自己感染愛滋病病毒，可能也是防禦心理在起作用——「我恐懼自己對性的欲望，覺得它很骯髒，我會因此受到懲罰。於是，我就把那個懲罰的力量，投射給愛滋病病毒。」這種強迫心理在行為上的表現為反覆洗手、不敢跟貼著ＯＫ繃的人握手、避免一切可能不潔的碰觸等。

強迫症的核心詞是控制與失控

那麼，為什麼有人會覺得自己的欲望骯髒，會招致懲罰呢？這裡面有著複雜的心理動力，常見的原因有伊底帕斯情結[1]、嬰兒期自戀受損等。

通常來說，父母的道德評判、對錯評判越嚴重，孩子患上強迫症的可能性越大。

我對強迫症的理解是，患者渴望透過一些強迫性的行為來掌控自己和外部世界，以避免不幸發生時所帶來的失控的痛苦。所以，強迫症的核心詞是，控制與失控。

一個人內在的自由度有多大，人格的寬度就有多大。人格的寬度，最初是從父母對孩子各種行為的反應中構建起來的。比如孩子手舞足蹈、大喊大叫，如果父母報以欣賞的微笑，孩子就會覺得自己的活力是被祝福的。

可能有人會問：「如果孩子在公共場合也大喊大叫，怎麼辦？」那父母可以用溫柔的語氣告知孩子，比如去圖書館之前，跟他說明「圖書館是一個需要安靜的地方，如果你有話對媽媽說，就靠在耳邊悄悄說」。如此，孩子會感受到自己的活力被允許，同時也瞭解到保持安靜是一種必要的體驗。

那麼，在保有活力和保持安靜的維度上，這個孩子就是寬廣、自由的。相反，若父母對孩子的活力四射表現出厭惡和攻擊，希望孩子永遠乖乖的、安安靜靜的，孩子的生命就會被限制得很狹窄。

強迫症，就是一種把自己的生命狀態限制得狹窄的極端表現：必須反覆做一些行為或想一些事情，一點差錯都不能有，否則就會擔心發生災難性的後果。這種心理狀態反映了患者擔心自己隨時會被摧毀的內部世界。

潛藏在內心的失控感

這種內在關係模式是怎麼形成的呢？它可能來自父母不可預知的無反應和過度反應：當孩子感到恐懼、焦慮，特別是在嬰兒時期，需要父母撫慰時，父母沒有及時做出回應；或是因一點小意外招致父母的暴怒，給孩子帶來「災難隨時會降臨摧毀我，我必須精準掌控」的感覺。

潛藏在內心深處的可怕的失控感，可能會因成年後的某個刺激，呈現出對一些事情的執著。比如整理癖，所有物品都要極度整潔，避免任何混亂；對某些儀式的強迫性執著等。這些都是幻想——幻想透過自我掌控來避免不幸的降臨，使自己在危險重重的世界中得以倖存——同時也是一種心理防禦機制。

當然，強迫症患者理性上也知道這些掌控是沒有必要的，但為了避免體驗到失控的感覺，還是會控制不住地做出一些強迫性的行為，比如反覆洗手，或嚴格遵守沒有必要的儀式等。也就是說，**這實際上是用一種痛苦來防禦另外一種痛苦。**

理解並感謝它

最可怕的痛苦，莫過於無回應帶來的不存在感，以及父母過度反應帶來的生存受到威脅的死亡感。拿洗手強迫症來說，反覆洗手雖然痛苦，但畢竟是可以掌控的事情，總比去體驗失控帶來的死亡感要強。如果內心的恐懼得不到釋放，那麼，強迫症也就沒法停下來。

如果你患有強迫症，首先要理解並感謝它：這些強迫性行為是為了保護曾經的自己，就像一件厚厚的棉襖穿在身上，幫助當初弱小的自己抵禦嚴寒。但你也要意識到，實際生活中，嚴寒已經過去了，你的身體也強壯了，只是因為內在的小孩依然活在對嚴寒的恐懼中，所以不敢脫下棉襖。

你可以對自己說：「我已經是成年人，現在我有力量去面對這些強迫性行為背

後更深的恐懼了。我願意去體驗它、穿越它，它並不會真的傷害我。」

當你暫時去體驗強迫性行為背後的感覺時，可能會有強烈的憤怒、羞恥、愧疚、恐懼、無助、悲傷，甚至是可怕的不存在感從心底升起。但**它會升起，也會過去，並不會真的殺死你。**

我們可以允許一切感覺和體驗流過，明白浮沉本就是生命的常態。無論我們的行為多小心、多完美，也無法掌控無常的命運，無法掌控別人的反應。

童年，並不是孩子做得更完美一些，父母就會變得更好一些。未來，也不是你的每一步都正確，結果就一定會如你所願。我們唯一能做的，就是臣服於真相，允許一切發生，在這無常的起伏中繼續活著，繼續前行。

1：伊底帕斯情結，亦稱「戀母情結」。精神分析學派用語。伊底帕斯是希臘神話中的人物，他在不知情的情況下，殺死了自己的父親，並娶了自己的母親。

第四章

與事物的本質連結

01

抽離劇情，改變慣性模式

當一個人不再把任何劇情角色認同成自己，就會發現終極真相：「我」其實並不存在，一切都是生生滅滅的念頭顯化而已。

人之所以難以離開自己的慣性模式，終究是因為「我」的幻覺太深了。

人要反轉自己的慣性模式是很難的。

夫妻吵架，明知道說一些難聽的話會傷害關係，主動示好，能夠讓關係親近，可就是說不出口。屢次被家暴的女人，明知道繼續糾纏下去不會有好結果，可還是一次又一次選擇原諒對方，不願離開；有些父母，明知道大吼大叫不利於孩子的身心健康，有損親子關係，可就是控制不住。

按照正常的邏輯，當我們用同一個模式去做事，結果卻越來越糟時，就應該改變這個模式。但是由於人性天生的缺點，很多人對自己的慣性模式不僅煞不住車，而且越是危急時刻，越會用力踩油門。

一位妻子性格溫和，屬於小鳥依人的類型，在戀愛階段，這讓丈夫感覺很好。但是婚後，妻子越來越依賴丈夫，大事、小事都要問他。有一次丈夫正在上班，家裡的桶裝水沒有了，妻子也打電話找他處理。

這樣雞毛蒜皮的事情每天都在上演，丈夫終於不勝其煩，告訴妻子：「以後這些小事，你自己看著辦，不要事事都來問我，很煩人！」

妻子發現兩人的關係變糟了，但她沒有去反思，而是深陷慣性模式，變得更加依賴，最後把自己弄得彷彿生活不能自理。

有意識地做出自己的選擇

人們執著於自己的模式，核心原因是把模式裡的角色誤認為「我」。

有這麼一個案例——離婚後，男人有段時間經濟遇到困難，於是貸款支付離婚協議裡約定好給前妻的撫養費。

我提到這個案例時，立刻有人問：「那丈夫的委屈怎麼辦？他自己的情緒怎麼處理？」

這樣問的人，已經把那個委屈的角色認同成自己了。

這個協議離婚的男人，他可以有很多選擇，就像在岔路口面對著多條路：路徑一，男人經濟遇到困難，前妻毫不體諒，還冷酷地追討撫養費，在這個劇情裡，男人是一個委屈的受害者；路徑二，男人經濟遇到困難，哪怕貸款也要及時支付撫養費，盡心盡力對待前妻和孩子——在這個劇情裡，男人就是一個擁有主動權、敢作敢當、願賭服輸的男人。

那麼，這兩個劇情裡的男人，哪個才是「我」呢？其實，哪個都不是。

當我們意識到自己不屬於任何劇情角色，自己是「空」的時，才能夠有意識地

自由做出選擇：走哪條路，體驗什麼樣的劇情，過什麼樣的人生。

如果，我們把某個劇情裡的角色深深認同成「我」，比如那位男士要是認定自己就是委屈的受害者，那麼，他即便學習了心理學，也很難跳出這個劇情。因為角色裡的自己，委屈還沒有被安撫——「我的情緒還卡在那裡，那個受害者就是我，我怎麼可能跳轉到另外一個模式中呢？」

然而，在真實案例中，這位男士做到了。

主宰自己的人生

他開始意識到那個可憐的受害者並不是自己，「我不想再體驗受害者角色了，我想要有力量主宰自己的人生走向」。於是他反轉模式，選擇去體驗更有力量的男人角色，以達成改善關係的目標。

一旦我們意識到劇情裡的角色不是「我」，那麼，這個角色裡痛苦、委屈、難過等情緒就會消失。就好比我們做夢，夢到有人在搶自己的手提包，肯定會狂奔上前要追回來。可是如果我們意識到這只是在做夢，就不會再去追，也不會為此感到生氣。

當一個人不再把任何劇情角色認同成自己，就會發現終極真相：「我」其實並不存在，一切都是生生滅滅的念頭顯化而已。人之所以難以離開自己的慣性模式，終究是因為「我」的幻覺太深了。

02

討好的背後是敵意

當我們在關係中不能捍衛自己的界限，不敢提出要求時，可以向外覺察一下：是不是在投射自己的敵意，想像對方是冷漠嚴苛的。

微博上有位網友講了自己的一次經歷：她帶著兒子乘車，鄰座是一個俄羅斯中年女人，她看小孩子可愛，伸手去捏孩子的臉和大腿。

這位媽媽說，自己當時很想把孩子抱過來，但是又伸不出手，就像心裡有個聲音在說：你不能這樣做，多不給別人面子啊！

事實上，對這位媽媽來說，她與那位俄羅斯乘客可能這輩子都不會再見面，卻因為顧忌對方的面子，而不去保護自己的孩子。

在生活中，也有很多這樣的情況，比如親戚、朋友不恰當地逗弄孩子，家長因為怕把關係搞僵而選擇默默忍受。

有的家長看不下去，最常見的處理方式，也就是故意轉移話題，乘機把孩子抱走，很少有人會直接表示「不可以這樣逗弄我的孩子」。

我們無時無刻恐懼失去關係

仔細回想自己日常生活中的細節，我們或許會發現，有種恐懼一直根植在潛意識深處，即我們幾乎無時無刻不在恐懼失去關係。

怕失去關係的恐懼，有時聽上去是出於某些現實的原因，比如對方確實跟你關係親近，他具備傷害你的能力。但更多時候則是荒唐、可笑的，正如前面講到的，對方對你來說根本不重要，甚至以後都不會再見，即便如此，我們也會無意識地擔心自己引起對方的不快，抑制不住小心翼翼地討好對方。

那麼，這種無意識恐懼的背後，是什麼劇情在操縱我們？舉一個例子，孩子張開雙臂很快樂地轉圈，旁邊有其他小朋友圍著，媽媽趕緊上前管教自己的孩子，「別亂動，注意點，不小心打到別人，怎麼辦？」這時旁邊的小朋友說：「沒關係，打不到的。」

轉圈的孩子本來很開心，結果被媽媽管教一通，變得悶悶不樂，一臉沒趣。

我想大多數人都經歷過類似的情況，父母在外人面前起勁地教訓自己，「不要打擾別人，不要惹別人不高興。」

其實，那個轉圈的孩子，就算碰到別人又如何呢？如果不被大人打擾，兩個小孩可能就彼此碰撞在一起玩了起來。小孩之間本來就很容易被快樂感染，一起玩耍。

再者，圍觀的小朋友也有自主權，他若是不願意被碰到，不願意一起玩，完全可以離得遠一些。

轉圈的孩子也是靈活的，他也會不斷地觀察學習，調整自己跟別人的距離。

害怕別人會責罰自己，所以先批評自己的孩子

父母如此急不可耐地當眾教訓孩子，並不是真心在為別人著想，而是出於自己內心的恐懼——害怕別人會責罰自己，所以先批評自己的孩子，相當於「自搧耳光」。

他們內心的想法是：你看，我都先自我懲罰了，你就不會來責怪、懲罰我了吧！

事實上，除非遇到極少數精神病態的人，一般人都不會因為小事而大動干戈。**一切只是我們內心的投射，是自己把外部世界想像成一個很恐怖、很嚴苛的地方**。彷彿只要稍有不慎，讓別人不高興，自己就會遭受嚴重的懲罰。

開頭案例中乘公共汽車的媽媽，遇到其他乘客侵犯自己孩子的界限時，她雖

然也想把孩子抱走，但手臂好像不聽使喚一樣，無力行動，這就是陷入了敵意的投射——「對方擁有傷害我的權利，而我是無助弱小的，我沒有能力保護自己和孩子，所以只能小心翼翼地討好。」

這個想像很可能是無意識運作的，也就是說，連媽媽自己也沒意識到為什麼害怕惹別人不高興。

為什麼會陷入有敵意的投射？

我們為什麼會陷入這種投射呢？因為**「對方有能力傷害我，我是不能自我保護的弱者」這種情況，我們在童年時期經常遇到**。比如父母擁有傷害孩子的權力，而孩子確實無力反抗，他們只能完全仰賴父母生存。

我們很可能因為一點言行有失，不符合父母的期待，就招致嚴厲的懲罰：被無視、冷漠對待、言語攻擊，甚至遭受肢體暴力。

在這種童年裡成長起來的孩子，漸漸會形成一種認知：稍有不慎得罪別人，後果就會很嚴重。這種恐懼根植於潛意識裡，神不知鬼不覺地操縱著他們的行為舉動。

當這樣的孩子長大成人，面對外部世界時，往往會過度脆弱、敏感，活在被迫害的感覺中，想像任何人都可能報復、傷害自己。

當他們感覺可能會發生衝突的時候，哪怕理性上明知沒有真實的危險，也會下意識擔心會不會得罪別人，第一時間想到的便是懲罰自己的孩子，討好別人。

學習就事論事，簡單、直接地表達自己的需求

當我們在關係中不能捍衛自己的界限，不敢提出要求時，可以向內覺察一下：是不是在投射自己的敵意，想像對方是冷漠、嚴苛的？當我們覺察到這種敵意的投射時，就可以就事論事，簡單、直接、不帶劇情地表達自己的需求。

帶著善意，敞開心胸，相信別人是願意回應自己的，那麼，我們的善意通常也能激發對方的善意。

當然，對方可能正沉浸在自己的內心世界裡，心情不好，無法以同樣的善意回應你，那也沒關係，我們自己做到表達界限、解決問題就好。

當我們走出劇情的束縛，會發現真實的世界或許比家裡還要溫暖。沒有敵意劇情的內心，會帶給我們一個舒服、溫暖、真實的外在世界。

03

不在劇情裡憤怒

被人激怒，是因為自己內心的劇情跟對方的投射匹配了，你認同了這個劇情，繼而陷入了角色。

如果不想被人激怒，就要有跳出劇情的能力。

我在文章中經常以自己和媽媽作為案例，進行心理動力分析。正因為如此，我時常收到一些網友的評論，指責我把自己的媽媽當作靶子，「太邪惡、太可怕了」。

這些人通常都與我素不相識，他們並不瞭解我，卻言之鑿鑿地質問我：「你是有多麼憎恨自己的媽媽啊？」

激怒別人的人，說的話其實都是在說自己

這就是經典的投射，即一個人把自己內心被壓抑的部分說成是別人的。

發出這種評論的人，可能對自己的媽媽心懷憤怒，但是他不允許自己意識到，因為在潛意識裡，他覺得這股憤怒的力量太可怕了，絕不能放它出來。那麼，該拿這股憤怒怎麼辦呢？最容易的方法就是投射出去，把它說成是別人的。

這種人會特別關注那些敢於寫出親子關係真相的人，比如我。**他們透過激烈地攻擊我，獲得兩層快感**：一層是「李雪替我攻擊了我的父母」，一層是「李雪還承擔了所有罪惡，而我是清白高尚的」。

如果我不明白他們的投射遊戲，就很容易被激怒，而**激怒我，正好是他們潛意識中的目的——終於把自己內心的怒火在別人身上點燃了**。由此，他們會得到快感的釋放。

一個人想要激怒你，就是勾引你認同和進入他的內心劇情。當我們懂得了「投射」這個詞，就會明白所有試圖激怒別人的人，說的話其實都是在說自己。

從這個角度去看，我們就會看到一個個將自己困在地獄裡受苦的人，他們可能面目猙獰、齜牙咧嘴，但我們不僅不會被激怒，或許心裡還會升起一些悲憫。

媽媽內心裡孤獨的嬰兒

我媽媽有重度人格障礙，伴隨思覺失調症。她不停地跑到各種醫院檢查身體，醫生都說她身體沒什麼問題，可她依然一次又一次地要求看病。

過去，我經常勸她，「媽媽，你的痛苦不是生理問題，而是心理問題，去看心理醫生吧。」可是沒有用，媽媽一律當作聽不見。

有天，媽媽突然打電話來告訴我，她覺得自己可能有心理問題，需要看心理醫生。我聽了特別開心，問她是怎麼想明白的。她說：「我昨天看了一個老軍醫，他說我可能有心理疾病。」

聽完媽媽的話，我立刻崩潰了，在電話裡憤怒地大喊大叫：「我一直跟你說，要你重視自己的心理問題，你為什麼從來不聽我的話？為什麼從來都不信任我？」

我失聲痛哭，哭了一陣之後，一旁的阿姨看到了，接過我手中的電話，對我媽媽說：「大妹子，你別說了。你女兒現在痛苦到不行！」

我媽媽回答：「哦，原來我女兒很痛苦呀，我不知道呀。」

媽媽經常能在一些小事上不動聲色地激怒我，然後我崩潰痛苦，她卻很平靜。於是，我開始思考，自己為什麼那麼容易被媽媽激怒呢？

原來，媽媽的內心劇情裡有一個孤獨的嬰兒——無論怎麼努力，父母都不會看一眼的孤獨嬰兒。所以，**媽媽透過無視我的存在，把她內在的嬰兒投射給我，讓我體驗到她的無助、絕望、憤怒和崩潰。**而我非常配合演出，完美承接了她內心所有的痛苦掙扎。

當孩子認同父母的投射……

如果一個人平時跟孩子、配偶及各種朋友都相處正常，但是一回到父母家就崩潰、痛苦，那說明他父母本身太痛苦，他們無法自抑地要把內心的痛苦投射出去。

而生長在這種家庭的孩子，從小就已經習慣了配合父母演出。有個網友說，只要自己一回家吃飯，爸媽就會無休止地對她評頭論足，這也不好，那也不好。終於有一次她憤怒了，對爸媽吼了一句：「你們能不能讓我安靜吃一頓飯！」爸媽愣住了，安靜五分鐘之後，一切照舊，繼續評論。

這對父母是無法停止評判女兒的，因為他們自己內心的掙扎太嚴重了。他們覺得自己一無是處，於是投射給女兒，從頭到腳挑毛病，把女兒也說得一無是處。這樣一來，他們才能暫時自我感覺良好。

這個女兒如果不覺醒，就會認同父母的投射，會覺得自己是個錯誤的存在，一點價值都沒有，甚至會自殺。

激怒他人，扮演受害者角色

很多父母，尤其是一些上了年紀的父母，最擅長不經意間透過一些小事來激怒子女。比如明知道子女不愛吃某個菜，還天天做這個菜。要是子女不吃，他們就開始訴苦：「我辛辛苦苦為你做飯，你還嫌棄我，給我臉色看，你這個沒良心的！」

再比如兒媳婦囑咐婆婆不要給寶寶餵餅乾，可是一轉頭，婆婆就把餅乾塞到寶寶嘴裡，害得寶寶咳個不停。兒媳婦很生氣，但婆婆還一臉哀怨：「我幫你帶孩子，這麼辛苦不說，還總被你挑毛病！」

對於有些人來說，**這種激怒別人、自己來扮演受害者的遊戲，就像成癮一樣停不下來。**

對待這種人，我們要理解他的內心劇情，堅決不陷入圈套中，也就是：**不憤怒，不配合演出**。

假如你沒有被激怒，他會變本加厲，說更難聽的話來刺激你，一定要讓你爆發。而如果你足夠強大，就是不爆發，他最終自己就會暴怒起來。「受害者」遊戲在你這裡演不下去，他也就不會再時常找你配合演出了。

被人激怒，是因為自己內心的劇情跟對方的投射匹配了，你認同了這個劇情，繼而陷入了角色。

如果不想被人激怒，就要有跳出劇情的能力。當你能看破所有劇情，任何人都無法激怒你。

04

想體驗什麼，就去創造什麼

一個真正自信、活出自我的人，與他人之間的關係模式是「你好，我也好」，雙方彼此陪伴，同時又各自精采，或許從外在成就上看有高低之分，但依然彼此尊重、欣賞，都能夠綻放自己的活力。

有的家庭可能會出現這種情況：一個人越來越有活力，另外一個人卻日漸枯萎，好像兩個人的生命力都集中到一個人身上去了。比如夫妻關係中，最常見的是丈夫有才華、有魅力，容光煥發；妻子隱忍、低調，跟隨丈夫腳步，好像陪襯一般。

對此，有人或許不以為然：這是因為男人自己有本事，女人沒本事，有什麼好奇怪的。如果僅僅是因為外在成就的高低，導致一個人做主角，一個人做配角，那麼，只要做配角的人可以在關係中感受到滋養，就也沒什麼。但問題是，有的做配角的女人，目光黯淡、面容憔悴，而她們在結婚之前可能也有自己的事業，有想法，有愛好，只是結婚越久越失去自己生活的重心，變成圍著丈夫轉了。

那麼，這裡面隱藏著怎樣的動力呢？

假自信的人

一個真正自信、活出自我的人，與他人之間的關係模式是「你好，我也好」，

雙方彼此陪伴，同時又各自精采，或許從外在成就上看有高低之分，但依然彼此尊重、欣賞，都能夠綻放自己的活力。

而一個假自信的人，潛意識深處往往是自卑的，只不過因為展現出了才華，獲得了外在成功，這才綻放出一部分生命力。但這種生命力就像煙花，絢爛綻放後只有空寂，故而**假自信的人，與他人之間的關係模式是「我行，你不行」**。

他把自己內在卑微、無助、懦弱的一面丟到妻子身上，所以妻子退縮、沒有魅力、遇事無主見。就這樣，在關係中，兩個人的生命力逐漸集中到一個人身上，如同丈夫吸取了妻子的生命力。

當妻子被貼上「你不行」的標籤

那麼，妻子為什麼要接受這種影響，不自覺地扮演起「不行」的角色呢？這是因為，當一個人沒有扎實的自我主體性時，在團體中就很容易被貼上標籤，並且認同這個標籤。

夫妻關係其實就是一種親密的團體關係，妻子在這個團體中逐漸認同了自己不如丈夫優秀、不如丈夫聰明，於是主動把自己的光彩滅掉，去點亮丈夫。

具體來說，妻子的能量是怎麼被吸取的呢？我們可以藉助客體關係，從心理學的角度來解讀。

客體關係中，有一個重要的名詞**「投射」**（projection），**即把自己身上最難以忍受的部分，比如負面的情緒和自我認知等，統統扔出去**——通常是扔到配偶或孩子身上，讓他們來承接，讓他們來扮演那個愚蠢、抑鬱、被嫌棄、沒有生命力的角色，而自己扮演高明、正確、熱情、有活力、有力量的角色。

這種投射，在親子關係中特別明顯。父母肆無忌憚地把情緒發洩到孩子身上，把一切不幸都說成是孩子造成的，肆意羞辱、貶低，把孩子說得一無是處，讓孩子覺得自己離開父母根本活不下去。

這樣的父母，會緊緊抓住孩子不放，把孩子當成自己情緒的垃圾桶。父母發洩完情緒後，會覺得渾身輕鬆，而孩子的生命能量會變得特別低。

一個網友說：「媽媽拿我洩憤之後，我感覺自己就像中了毒一樣。」這個媽媽投射出來的自己都難以忍受的部分就像毒藥，扔到孩子身上，毒到了孩子。

標籤之下，無人自由

在夫妻關係中，這種投射可能會隱蔽些。通常，一方不會太放肆地去羞辱另一方，畢竟是兩個成年人。有的人甚至很高明，不說難聽的話，但是會透過各種生活細節去傳遞「你是差的」、「你不行」、「沒有我，你是活不好的」等資訊，可謂「潤物細無聲」。

比如，當妻子說要出去工作，享受職場上拚搏、奮鬥的感覺時，丈夫就勸說：「女人嘛，不用那麼拚命，賺錢、奮鬥這樣的事，交給我們男人就好了，你就在家裡美美地過日子，多好啊！」這樣的話聽上去很溫馨，但其實是在給妻子貼上角色標籤——女人不應該外出奮鬥，女人只應該被男人養著。

如果妻子在潛移默化中接受了這些標籤，就會固化自己的角色，覺得自己沒能力，不能獨自精采，只能把光彩讓給丈夫。就這樣，妻子把一大部分自我功能割讓給了丈夫，自己的生命力因此受到了制約。

我的一個好朋友就是如此。她既漂亮又聰明能幹，大學畢業後做著一份自己很喜歡的工作。後來，她遇到了現在的老公，老公對她一見鍾情，把她視為女神，拚命追求。而追求的方式，就是不斷催眠她，讓她辭掉工作，以照顧家庭為主。

老公當時說的話十分甜蜜，她也相信是出自真心，於是辭掉工作，開始照顧家庭，同時也幫著老公打理一些事業。後來，老公的事業越做越大，非常成功，她也成為大家眼中的「人生贏家」。

可是十年之後又是老橋段，這個男人出軌了，而且出軌對象還不止一個。好朋友很是懊惱，她想自己做一些事業，擺脫圍著老公轉的局面，但是又被老公出面制止了，就像多年前阻止她繼續工作一樣。只不過當時用的是甜言蜜語，這次則採用了非正常手段，比如給聘用她的公司施壓，讓老闆辭掉她。

她老公為什麼要這麼做呢？用他自己的話說：「你做那些事又賺不到什麼錢，家裡這麼多事情，還不夠你忙的嗎？」

在她老公眼裡，妻子就是用來照顧家庭、幫助自己打理生意的；至於情人，哄著開心就行了。也就是說，妻子必須堅定地守候在自己的後方，不能串了「片場」，亂了人物設定。

這麼一個本來光彩奪目的妻子，逐漸變得黯淡；而她老公每天運籌帷幄，指揮生意時自信滿滿，越來越有神采。

她很想走出這個困局，但是這麼多年被催眠，活在一個固定的角色中，想摘掉標籤，活出真實自我，真的非常不容易。

活出自由體驗，擁有內在中心，可以使我們避免成為別人的投射對象，避免自身能量被別人吸取。

沒有誰天生就比誰能力差。標籤之下，無人自由。摘掉標籤，盡情地綻放生命力，想體驗什麼，就去創造什麼體驗，這樣的人生，誰都可以擁有。

05

擺脫控制，保持生命能量

在嬰幼兒時期，嬰兒把媽媽或者其他養育者當作自體客體去使用。如果得到了比較充分的滿足，他就能逐漸完成自體與客體的分化，擁有比較完整的自我感，也就是明白了「我是我，別人是別人」。

與投射相對應的，還有一種家庭中常見的能量吸取方式，即**「內射」（injection）。它是指把對方當作自體客體來使用，以滿足自己的自戀控制欲。**

這裡提到一個心理學名詞「自體客體」。在心理發育的過程中，我們都會經歷一個從自體與客體混成一團到兩者逐漸區分開來的過渡階段。

所謂「自體客體」，其感覺就像自身手腳的延伸、自我功能的延展。比如小寶寶餓了，冒出喝奶的欲望，但是他太小，沒法自己去沖泡奶粉。這時候，媽媽領會到寶寶的意願，趕緊沖好奶粉，把奶嘴遞到寶寶嘴邊。於是，在寶寶的感受裡，「媽媽聽從於我的意志，延伸了我的自我功能」。媽媽的功能就是寶寶的自體客體。

我們每個人在成長過程中，都需要吸收這種由外在好客體帶來的良好感覺。

弱小的孩子透過吸收媽媽的好意和功能，自我感覺變得美好，自己也像媽媽一樣，逐漸長大強壯起來，這就是「內射」。完成內射需要兩個條件：一是「把我認為好的部分投射給對方」，二是「對方要如我所願，接受我的好意，肯做我的自體客體」。

在嬰幼兒時期，嬰兒把媽媽或其他養育者當作自體客體去使用。如果得到了比較充分的滿足，他就能逐漸完成自體與客體的分化，擁有比較完整的自我感，也就是明白了「我是我，別人是別人」。如此，他才能夠作為一個人，去跟另外一個人建立關係。

在家庭親密關係中，雖然總會有把對方視為自體客體使用的情況，比如孩子依戀母親、妻子依戀丈夫等，但是在心理上，絕大多數人並沒有只把母親、丈夫當成滿足自己意願的工具。我們知道，他們是和自己平等的、活生生的人。

這種認知延伸到社會關係中，比如和一個陌生人合作，因為某些原因，對方不能按照我所想的去做，即不能完成自體客體功能，我也不會因此盲目生氣，因為我知道，對方不是實現我的意願的工具。

這個時候，我需要做的是溝通，去聆聽、調整這個關係。

界限分割不清

但在一些時候，也會出現界限分割不清的情況。比如父母認為「刻苦學習，考上名牌大學」是好的，於是就讓孩子除了吃飯、睡覺之外，一刻不停地學習，剝奪孩子原本豐盛的生命體驗。

事實上，孩子考得再好，進了再好的學校，也改變不了父母的人生現實。只不過，孩子考上了父母考不上的大學，成為父母自我功能的延伸，因而給予父母幻覺般的美妙體驗，使父母覺得是自己能力變強了，變得更有生命力了。

除此之外，逼婚、逼生男孩，都是這種心理在作祟。當孩子的自我意識開始覺醒，不願意再做父母的自體客體，想要表達自己的情感需求，希望自己作為一個人、一個主體，被父母看見和回應時，父母的感覺則是「這實在讓我生不如死」。

情感綁架＋威脅

如果父母恐懼孩子擁有自我意識，就會攻擊孩子的正常情感需求。比如一個孩子渴望跟父母互動，被父母回應，但是這種渴望沒有被滿足，孩子很傷心。這個時候，父母就會斥責孩子：「我供你吃、供你穿、供你上這麼貴的學校，你還有什麼不知足的？你應該感恩現在的生活！」看，這就是情感綁架，再加上威脅——

「你要是不聽我的，結果會很慘，其他人都沒安好心，只有父母才會一心為你好」。

這種方式通常都能夠成功洗腦一個孩子，讓他覺得自己不能偏離父母安排的軌跡，不然就會落到悲慘的下場，對不起父母的巨大恩情。

在夫妻關係中，這種關係模式也很常見。妻子向丈夫表達情感需求，希望獲得理解和回應，但是丈夫卻覺得很煩，於是他催眠妻子，讓妻子覺得自己提出情感需求是可恥的——「你不應該多愁善感，作為丈夫，我一沒出軌，二沒家暴，你還有什麼不滿足？除非我需要你出現，否則不要來打擾我。」

時間久了，連妻子自己都開始懷疑：「大家都說我丈夫很好啊，是不是真的是我自己要求太多？要丈夫陪我聊天、回應我的感受，這樣的要求，是不是真的太過分了？」

慢慢地，妻子也會往自己身上貼標籤——「我是一個要求太多的女人，正是因為我要求太多，才會讓婚姻變得不順暢。如果我能改掉，我們的關係就能好起來。」這樣下去，妻子的能量就會日漸衰弱。

被當作自體客體工具使用的人，失去了自由意志，能量當然會越來越低。有些父母透過把孩子變成自己的自體客體，跟孩子共生，來吸取生命力。這樣的父母，往往沒法過好自己的人生。

一旦孩子想要做自己，跟父母劃清界限，父母就會變得失魂落魄。所以，很多父母拚命要抓住孩子，跟孩子住在一起。常見的手段，便是透過情感綁架來製造內疚，讓孩子不忍心離開父母獨立生活，或者讓孩子覺得自己無用，「你什麼都不會做，既不會洗衣做飯，又不會帶孩子，只有讓我來幫忙了。」

看上去，父母所做的一切都是在為孩子付出，實則是在吸取孩子的生命力。

只是滿足自己的心理需求

利用別人做自體客體的人，並非全都是因為自身能力差，這些人當中也有很多成功人士。但他們照樣需要別人圍繞自己的意志轉，滿足自己的心理需求。

這是因為，他們只是在完成一個投射和內射的過程而已——「我把美好的感覺投射到你身上，你要順著我的意志，做我的自體客體，我再內射回來這種美好，於是覺得自己更加美好」，在這種「我很棒」的感覺裡，創造力和激情才會不斷湧現。然而，在整個過程中，他們並沒有看見真實的對方，對方就像一個道具玩偶，乖乖地擺在那裡，讓自己利用而已。

這讓我想起了徐志摩和林徽因之間的愛情。徐志摩把林徽因視為女神，曾經熱烈地追求，林徽因也很欣賞徐志摩的才華，卻不會被他熾熱的愛所打動，因為**她發現徐志摩看不到真實的自己，他愛的只是他自己想像出來的那個完美女神。**

林徽因是聰明的，如果她選擇跟徐志摩在一起，徐志摩或許會多出很多快樂、激情，創作出更多留存後世的經典作品，但是她會變成徐志摩的自體客體，慢慢地枯萎。

就像一朵花，它需要的是泥土，是跟大地的連接，如果只是擺在花瓶裡被稱讚，結果只能死得更快。

06

一切外在衝突都源於內心戰爭

想像一下，如果父母本身就喜歡嘗試新鮮事物，喜歡探索未知，會擔心孩子無助、退縮嗎？

父母希望孩子具備什麼品質，不要先教育孩子，自己去做，讓自己先具備這種品質就好了。

創傷發生得太早

放下愛無能、自責、敵意與絕望，
找回安全感與存在感

在我帶領的成長團體裡，有位媽媽說：「你一直強調要給孩子百分之百的自由，父母要尊重界限。但是，自由和規則的區別在哪裡？和孩子劃清界限後，父母絕對不越界，就對了嗎？孩子真的不需要引導嗎？我的孩子上樂高課，他感覺課後作業有難度，就不做了。可他分明是喜歡樂高的，那我是不是可以引導他做，讓他挑戰一下自己呢？假如成功了，還可以增強孩子的自信心。孩子曾對我說：『我自己的事情，自己掌握。媽媽，你不要管我。』但我感覺很難拿捏自由放任和適當的引導。種子播種後，也需要鬆土、施肥，那麼給孩子自由，關鍵時刻適當引導一下，不也是對孩子的幫助嗎？」

這個媽媽的提問，看上去都是理性的思考，背後卻依然是沒有界限的控制欲。

孩子已經清晰地表達了自己的事情不要媽媽管，他並不需要媽媽介入，那媽媽為什麼還一心想要越俎代庖呢？這裡面就涉及一個問題：**我們是如何把自己的內在戰爭演變成外在衝突的？**

認為失敗的自己不配得到愛

這位媽媽在得到我的回應後，開始向內看，覺察自己為何會越界。

於是，她看到了內在的真相，「原來是我自己一直害怕挑戰，害怕失敗。在我無意識的信念中，失敗的人就是一無是處的，不會有人愛。其實有好幾次，當我遇到新的機遇時，自己往後退縮了，都是孩子在一旁鼓勵我，接受挑戰。」

害怕挑戰失敗，認為失敗的自己不配得到愛，所以故步自封，不去碰觸新的可能性，是這位媽媽的內在劇情。

她的內心有兩個聲音在打架，內在的「超我」說：「你必須不斷挑戰自己。」內在的「小孩」又說：「可是我很害怕、很無助呀！」兩個聲音在內心撕扯。**最容易的解決方法就是去盯著孩子，每當發現孩子沒有自我挑戰的時候，就把自己內在無助、退縮的一面投射給孩子。**

也就是說，讓孩子來扮演媽媽內在無助、退縮的「小孩」，而媽媽則扮演正確理性的「超我」，然後由媽媽來引導孩子勇敢面對挑戰。這樣，不僅能停止自己的內在撕扯，還可以透過扮演正確、理性的角色，循循善誘地教導孩子，自我感覺就會非常棒。

這也是我們總忍不住要把內在戰爭投射成外在衝突的原因。

孩子是「犧牲品」

在這個過程中，被投射的孩子是「犧牲品」，孩子本來並不害怕挑戰，也沒有自我評判，只是單純地暫時不想做作業而已。但是被媽媽引導、教育一通後，孩子會無意識地承接媽媽的投射，扮演媽媽內在無助、退縮的「小孩」。

媽媽的內在戰爭轉移到了孩子身上，結果就是一個原本沒有自我評判的孩子，慢慢開始覺得「我不可以退縮，不可以失敗，我必須一直挑戰自己，才配得上媽媽的愛」。

這樣的孩子，即使挑戰自己，也並非出自對新鮮事物的天然的好奇心和探索欲，而是**出自無意識的恐懼**。

終結家族不幸的輪迴，界限是關鍵。失去界限，父母內在的劇情就會在孩子身上上演。

想像一下，如果父母本身就喜歡嘗試新鮮事物，喜歡探索未知，會擔心孩子無助、退縮嗎？父母希望孩子具備什麼品質，不要先教育孩子，自己去做，讓自己先具備這種品質就好了。

即使父母自己做不到，只要守住界限，不去教導孩子，孩子自己也會去不斷探索、完善、擴展自己，因為這是一個人的天性。

我媽媽就是一個無助、退縮的人，任何一點變動都好像會要她的命。哪怕有些變動明顯是對她有利的，也不敢嘗試，更別提需要冒些風險、挑戰自我的事情了。

幸運的是，媽媽在這方面並沒有教育我，她從沒跟我說過「你必須成為一個勇敢、挑戰自我的人，否則這輩子就會失敗」。我一直單純地遵循自己內心的感覺，憑著天然的好奇心，不斷探索新鮮事物，跨界學習和工作，這些對我來說都不是難事。只要是自己有興趣做的，我都會大膽嘗試，並且很容易就做到優秀。

最重要的是，我並不是為了挑戰自我去做的，而是順其自然地拓展和豐富生命體驗。

反思原生家庭對我的影響

當然，媽媽的無助、退縮，也不能說完全沒給我帶來負面影響。

事實上，生活在一個病態的家庭裡，受到的負面影響很大，這讓我需要花費特別多的精力去覺察、化解。只不過，由於媽媽沒有執著於教育我，我的腦子裡才沒有形成那種根深柢固、不可觸碰的限制性信念。

我一直有空間去反思原生家庭對我的影響，質疑原生家庭帶給我的信念。只要有縫隙，光就可以照進來。我正是借著這束光，去尋求解脫之路。

因此，父母無須完美，哪怕自身問題很嚴重，只要守住界限，不把自己內在的戰爭變成跟孩子之間的外在衝突，就等於給了孩子一個喘息、自救的空間。

我接觸過很多案例，有的父母自身有很多問題，嚴重到連回應孩子的力氣都沒有，但他們嚴守了界限，結果孩子自己發展出了超乎常人的智慧和能力。

內在戰爭演變成外在衝突，這幾乎是人間劇場每天都在上演的戲碼。只要我們看看自己和周圍，就會發現百分之八十以上的衝突都是內心的投射。**凡是我們看不慣別人的地方，都是自己內在未解決的劇情衝突在作怪。**

做父母是一場修行。天然不帶劇情的孩子，就像一面純淨的鏡子，讓父母照見自己內在受傷的小孩。

當父母想要侵犯孩子界限時，請務必藉助這個機會向內看，如此，便可以跟孩子一起重新長大。

07

成功的程度＝連結事物本質的能力×人格穩定性

連結事物本質的能力，來源於自由。父母有多尊重界限，孩子就能發展出多強的連結事物本質的能力。而人格的穩定性，即真實自體的存在感，來源於愛。

父母能在多大程度上看見孩子、回應孩子，孩子的人格穩定性就有多強。

一九九六年，李嘉誠的大兒子李澤鉅被綁架。綁匪張子強很囂張，上門索要贖金。面對登門的綁匪，李嘉誠十分鎮靜，這讓綁匪很意外。

後來李嘉誠說，自己之所以鎮靜，是因為「這次是我錯了，我在香港知名度這麼高，但是連一點防備措施都沒有。比如我去打球，早上五點多自己開車去新界，在路上，隨便幾部車就可以把我圍下來。我要仔細檢討一下」。最終，李嘉誠交出了巨額贖金，順利把兒子換了回來。

非凡的人都有一種非凡的本事，那就是栽倒之後迅速認栽，不做無謂的掙扎。無論損失多大，對自己的選擇負責。

從當時香港的法治環境來看，李嘉誠很清楚：報警，兒子恐怕無法活著回來；若是兒子回來後再報警，肯定會惹怒綁匪，對李家人進行報復。所以，最終他選擇了捨財保命。

相比之下，普通人在栽倒之後，為了捍衛自戀，往往指責外界，或者自我攻擊。有的人甚至拒絕面對栽倒的事實，絞盡腦汁想要挽回損失。

犯錯不等於「應該去死」

我的朋友有一個遠房親戚，做生意被人拖欠了十一萬元貨款。他把自己的全部精力都花在四處申訴和告狀上，最後不但錢款沒有追回，自己的事業也荒廢了。

事實上，**只要做事，就有可能犯錯**。普通人之所以無法承受犯錯的後果，往往是因為脆弱的自戀受不了打擊。脆弱的自戀，會把「在這件事情上我犯了一個錯誤」演變成「我這個人太愚蠢了，我應該去死」。

經濟學上有個概念，叫做「沉沒成本」，指的是已經發生且不可回收的成本，這通常是由上一個決策造成的。而在做下一個決策時，不考慮沉沒成本，只關注當前情況下最有利的做法，才是理性的選擇。

李嘉誠如此成功，從綁匪這件事情上就能看出他的人格結構很穩定，已經做到了「不考慮沉沒成本」。

人格的穩定性，來自於愛

一個人的格局，取決於他人格結構的穩定性。這就好比一棟樓能蓋多高，取決於地基有多深。人格穩定，就會擁有真實自體的存在感，可以保證能力持續發揮。而脆弱自戀，也就是活在虛假自體中的人，哪怕再有能力，也難成大事。所以，我認為成功的公式是：

成功的程度＝連結事物本質的能力×人格穩定性

連結事物本質的能力來源於自由。父母有多尊重界限，孩子就能發展出多強的連結事物本質的能力。而人格的穩定性，即真實自體的存在感，來源於愛。父母能在多大程度上看見孩子、回應孩子，孩子的人格穩定性就有多強。

心理學家溫尼科特說：「最糟糕的母親，就是特別著急的母親。」特別著急的母親，只要孩子稍微表現出跟自己想像不符的樣子，她就會想像各種糟糕的結果，甚至覺得自己要瘋掉了。這對孩子的真實自體是一種摧毀性的打擊。

真實自體孕育於「無論發生什麼，父母都會愛我」的信心之中。有這種信心的孩子，無論經歷什麼風浪，都可以鎮靜應對。他會有喜怒哀樂的情緒，但是真實的自我存在感不會被擾亂。

脆弱的自戀讓我不放過自己

我一直試圖看清真相、活在真相中，然而我的底層人格結構非常脆弱。每當做了蠢事，導致損失，我都會非常痛苦，無法原諒自己。沉浸在自責中，用心理學來分析自己為何犯錯，因為每個錯誤背後都有無意識的劇情模式在操控。我試圖把自己的所有劇情都分析清楚，以為這樣就可以避免再次犯錯。而分析自己的過程如同在跟自己作戰，每一刀都割在肉裡。

有一天，我的好友朱笛對我說：「李雪，我觀察到你追求的不是幸福，而是真相。所以，你大部分的注意力都放在剖析真相上，而不是體驗當下生活的幸福。」這句話讓我沉思很久。**我一直以為只要剖析清楚所有劇情的真相就能幸福，而事實上，我做這件事情的出發點就是錯的。我分析自己，其實是在維護破損的自戀——**

「我把自己的劇情都搞清楚了，那麼，我的預想就不會再被打破，我的自戀就得以保持。」這其實是一種防禦機制。我無法認栽，無法讓過去的事情過去，脆弱的自戀讓我不能夠放過自己。

爺爺的規律生活，只為撐住脆弱的自戀

突然間，我好像懂得了我爺爺。爺爺的生活非常簡單、規律，甚至不用看錶，只要看爺爺在做什麼，就知道現在幾點了。

比如他在鋪床，那麼就是晚上八點；他拿起帽子要出門去下象棋，是早上八點。我聽說，爺爺的女兒結婚當天，他照樣準備出門下象棋，是眾人把他拉住，逼他穿戴整齊，把他帶到了婚禮現場。

現在，爺爺奶奶已經九十多歲了。有天，奶奶鼻血流個不停，她用手碰了碰坐在旁邊吃早飯的爺爺，又指指自己的鼻子，示意他做點什麼。但是，爺爺只是看了奶奶一眼，低頭繼續吃飯，好像這一切都跟他無關。

大家不要以為爺爺的腦子有什麼問題，事實上，他是公認的聰明人。他小時候沒上過學，一邊做苦工，一邊利用業餘時間自學，達到了高中文化水準，還打

得一手好算盤。後來做了會計，整個公司的人都知道，如果哪個帳目算不清楚，找我爺爺，準能解決。爺爺下象棋也特別厲害，當年在唐山市，幾乎沒碰到過令他折服的對手。

我對爺爺有記憶時，他已經退休了，每天重複著買菜、做飯、吃飯、下象棋、看電視、睡覺的程式般生活。任何超出這個程式之外的事情，對他來說彷彿都不存在，奶奶為此抱怨了一輩子。

而現在，我理解了爺爺，因為他的自戀也脆弱到了極致，必須要過一種極其規律的外在生活，必須靠外在環境的極度穩定來支撐自己，任何變化都是對他自戀結構的折磨。

爺爺對任何事情都漠不關心、不做回應，不是因為他不愛這個家，而是因為他的自戀脆弱到沒法去處理任何事情。比如向鄰居借把螺絲刀，這對他來說，是不可能做到的，因為會導致他的自戀嚴重受挫。

事情一不如願，我就自責不已

我在能量最低的時候，也有過這種感受。我甚至希望身邊的人動都不要動一下，彷彿別人動一下，對我來說，都是難以承受的波動。有時，連簽收快遞都是痛苦和耗費力氣的事情。

我希望所有事情都如我所願，任何意外都是對我的精神折磨。如果我犯了錯，更是沒法放過自己，要不停地用分析來折磨自己。可想而知，我這樣很難把事情做大、做好，因為事情做得越大越好，要承受的意外就越多。比如合作方把事情搞砸了，我也會拚命自責：自己當初為什麼會選擇和這樣的人合作？

有一次，我因為犯錯，給自己製造了困局，自責不已，特別想要去挽回損失。

二叔一句話提醒了我，他說：「你這是不肯為自己做出的選擇承擔責任。你現在可以做的，就是不再糾纏這件事，為你自己過去的行為埋單、認栽，然後繼續去做該做的事情，奔向你的目標。」

二叔的話乾脆有力。栽了就栽了，看清楚自己怎麼栽倒的，繼續向前奔向目標就好，這才是真正的「活在當下」。

責備自己，反覆分析，這些都是頭腦對當下的抗拒，是很難獲得幸福的。

活在當下

可能有人會懷疑，活在當下就能幸福嗎？那些尚未被覺知的童年劇情怎麼辦？我的理解是，如果平時經常讓自己活在當下，那麼當劇情升起時，立刻就會有敏銳的覺察。因為劇情的能量跟當下的能量截然不同，就好比在交響樂的現場，如果突然響起手機鈴聲，大家都知道那個聲音不對，因為它跟交響樂本身的節奏很不相符。

當我們對劇情有清醒的覺察，覺知力非常高的時候，劇情會立刻離開。就算覺知力稍微差一些，我們也可以看著劇情發展，而**不去認同那個劇情是自己**。在這個過程中，我們的頭腦依然可以去分析，搞清楚來龍去脈。

這種活在當下的覺察，對自身沒有傷害，沒有那種剜肉清瘡般的狠勁，它像流水一樣輕柔。

你知道那個劇情不是自己，就不會因劇情上演而攻擊自己。讓自己回到當下，當下就可以幸福。

第五章
家庭裡的生死能量場

01

生死能量：父母對孩子的本能灌注

生本能，最初來自父母對孩子的看見，「我願意回應你、滿足你」；而死本能，來自當我們向外伸展自己時，那些阻斷我們能量、評判我們欲求、不回應我們情感的行為。

特斯拉SUV有一個彩蛋程式——鷹翼門可以隨著音樂和燈光上下舞動，效果酷炫。有一天，我在街頭向朋友展示了一次，幾個中學生正好騎自行車路過，他們停下來觀賞，結束時很自然地大聲歡呼、鼓掌，而我和朋友只是笑一笑。

我們的肢體是僵硬的。面對美好事物，雖然也喜歡，但只會微微一笑，或者空洞地讚美一句「好棒啊」。

那些中學生似乎才是真正自由的人，能夠順暢地表達情感。和他們一對比，**我們就像穿著沉重的鐵皮衣，連情感表達的幅度都不能太大。**這讓我覺得很悲哀。

恐怖的一幕

每個人出生時都是鮮活的，可是不知從什麼時候開始，我們學會把自己澆鑄在鐵皮衣裡面，封固起來。

心理諮詢師張宏濤在他的文章裡描寫了這樣一幕場景——一個兩歲多的小男孩在村頭吃早餐，小男孩不太安分，試圖做一個高難度的動作，結果撞到桌子上，哭了起來。

創傷發生得太早

放下愛無能、自責、敵意與絕望，
找回安全感與存在感

爸爸訓斥他說：「以後還調不調皮了？」

小男孩哭著說：「不調皮了。」

這時候，媽媽又接著說：「都這麼大了，怎麼還這麼不懂事，還哭呢？」

然後，爸爸媽媽一起說：「你看看別人家小朋友，都在那裡安安靜靜地吃飯，誰像你這樣？」

旁邊一位老太太一聽，「這是在誇我孫女乖啊！」於是面露驕傲，看著坐在自己身邊安靜吃飯的小女孩。

老太太伸手舀了一勺湯，對小女孩高聲說道：「張嘴！」

這看似平常的一幕，細想來真是一部恐怖片。

孩子每一次自發的生命能量的伸展，都被大人活生生地掐斷了。

兩歲多的小男孩，他在探索周圍的世界，內在的生機驅使他不斷嘗試新動作，練習突破自己的身體能力。但是，他卻遭到了爸爸的諷刺和攻擊。小男孩必然會委屈、痛苦，他剛要透過哭泣來釋放被阻塞的能量，又被媽媽制止。媽媽的話，只會讓小男孩覺得表達情緒感受是羞恥的、不安全的，會被周圍人攻擊。

最後，爸爸媽媽還聯合起來評判孩子，「看看你應該成為什麼樣的人，就應該像旁邊那個一動不動的小女孩。」

而小女孩呢？奶奶命令她張嘴，她就張嘴，乖乖地接受食物，如同靈魂被抹殺掉的行屍走肉。

為什麼無法發自內心的快樂？

這讓我想起自己曾經做過的一個夢。夢裡，我是一條魚乾，被裝在網兜裡。路過一條河的時候，我看到河水裡鮮活游動的魚，突然回憶起來，「我以前也是這樣鮮活的魚呀！」於是大哭。夢裡，我悲痛到把自己哭醒，胸口一陣一陣地抽搐。

成長到現在，我算是擁有了不錯的生活環境，做著自己喜歡的事，寫文章、講課、設計服裝、開發程式……而且都做得很好。生活中，已經沒有讓我痛苦的關係了。

經過這麼多年的修行，痛苦的關係於我，該轉變的轉變，該斷掉的斷掉。現在，我周圍都是能夠彼此看見、感情靈動的人。然而，想要真正發自內心的開心快樂，卻實在太難了。

我給自己買了輛特斯拉，但它帶給我的快樂卻比不上偶然在路上看見它的一群孩子。

我懂得了各種道理，並且身體力行，很多內在、外在的衝突都已經消滅，可是快樂卻依然那麼難得。

心理學上經常講到「生本能」與「死本能」。人的一生可以說是這兩種本能較量制衡的過程。那些對生活充滿熱情、喜歡體驗新鮮事物、容易被感動、容易感受到快樂滿足的人，就是生本能大於死本能的人。相反，就是死本能大於生本能的人。

具體什麼是生本能、死本能呢？我的理解是，生本能體現在原始渴望的伸展，對物質的渴望，對關係的渴望，對美的渴望，以及對自由的渴望；**死本能則體現在頭腦的劇情，頭腦認為的應該不應該，可以不可以。**

比如，孩子想吃巧克力，媽媽的頭腦劇情卻說：吃了巧克力，孩子就不好好吃飯了，所以不能放任他。這個劇情就是死本能，媽媽透過控制孩子吃零食，把死本能加注到孩子的身上。

孩子希望媽媽的聽見與回應

我的一個來訪者分享了她孩子的故事。這個孩子脾胃不好，經常生病，所以媽媽在食物上一直嚴格控制。後來，媽媽發自內心地感受到了孩子被限制的痛苦，於是決定給孩子百分之百的自由。

媽媽從香港旅遊回來，特意給孩子帶了幾大盒巧克力。孩子看到這麼多巧克力，簡直不敢相信。媽媽用愛的眼神注視孩子，鼓勵他說：「都是你的，隨便吃。媽媽以前總是限制你，是媽媽不對，現在你自己決定吃什麼、吃多少。以後你想吃什麼，媽媽都買給你，想要多少就買多少。」

孩子聽了這些話，眼睛一下子亮了起來。本來特別沉默寡言的一個孩子，忽然變得逢人就打招呼，快樂得像隻小麻雀，還主動說要邀請自己的小夥伴們一起分享巧克力，這在以前可是從來沒有過的事情。

更神奇的是，自從完全放開零食限制，孩子就很少生病了，吃什麼都香噴噴的，身體越來越好。

這就是生本能與死本能的轉變。孩子想要吃巧克力，這裡面有兩層渴求：一層是對巧克力這個物質本身的渴求；**另一層是對關係的渴求——希望能夠被媽媽聽見、回應和滿足。**

生本能的灌注

當媽媽帶著愛，真心願意滿足孩子，給孩子買了幾大盒巧克力時，就是生本能的灌注。在生本能的灌注下，孩子自然快樂開心，喜歡分享，喜歡跟人連接，身體變強壯。

曾經也有媽媽跟我抱怨，「孩子愛打遊戲，我按照你的方法，已經放開了對孩子的限制，可是他都連續打了三天遊戲了，每天看著，簡直焦慮死了。我給了他自由，他到底什麼時候才能學會自律啊？會不會一直玩下去，再也不寫作業了？」

這樣的媽媽，表面上放開了限制，其實內心依然緊抓不放，並不是真的願意全然滿足孩子、真正給孩子自由。

這種焦慮、控制的心灌注給孩子的，依然是死本能，使孩子無法自由地跟身體連接，無法聆聽內在的精神指引。即使給了孩子幾天的自由，他也不能夠安然回到內在的節律。

生本能，最初來自父母對孩子的看見，「我願意回應你、滿足你」；而死本能，來自當我們向外伸展自己時，那些阻斷我們能量、評判我們欲求、不回應我們情感的行為。

02

覺察家庭中死本能的傳遞

如果媽媽盡力減少孩子的不舒適，孩子能被及時回應滿足，他的死本能就會降低，然後由生本能驅使著蓬勃伸展，探索這個世界，到更廣袤的外部世界去尋求滿足。

死本能，是佛洛伊德提出的概念。他認為，每個人身上都有趨向死亡和毀滅的動力，想要退行[1]到出生之前。因為死亡才是對一切痛苦的終極解脫，將我們徹底從緊張、焦慮和恐懼中釋放出來。

死本能有兩個方向：一是指向自己，二是指向他人。指向自己的死本能，嚴重的會導致憂鬱，甚至自殺；而指向別人的死本能，表現為攻擊性、毀滅欲，也就是說，把毀滅自己的力量轉去毀滅外部世界。

孩子最容易承接家族中大人的死本能

嬰兒從溫暖、舒適的子宮降臨到外界，是個非常不舒服的過程。可以說，嬰兒一出生就帶著死本能，想要回到那黑暗的、跟媽媽融為一體的子宮中去。

如果媽媽盡力減少孩子的不舒適，孩子能被及時回應滿足，他的死本能就會降低，然後由生本能驅使著蓬勃伸展，探索這個世界，到更廣袤的外部世界去尋求滿足。

但如果一出生就遭遇冷漠的無回應，孩子就會產生巨大的毀滅力量，想要毀滅

自己和整個世界。這就是為什麼有的父母看上去脾氣特別好，但是孩子卻很暴躁，因為父母只要在情感上不回應孩子，根本不需要動粗，自己就會死本能爆棚，歇斯底里地仇恨世界。

指向自己的死本能會導致憂鬱，甚至自殺，所以有些人會選擇把死本能投射給別人，也就是去摧毀別人。

這種情況最常發生在親子關係中，因為孩子弱小、無力反抗，最容易承接家族中大人的死本能。父母向孩子投射死本能有兩種方式。

第一種是抑制孩子的活力。

一位網友留言說：「我父母並不攻擊我，但我總覺得活著沒意思。我弟弟上小學時，也說活著沒意思。逐漸發覺，雖然父母沒有明顯的攻擊，但是孩子無論想做什麼都得不到支持，只被允許用同一種方式生活，其他的嘗試都被警告、取消，這樣的生活，確實一點生氣都沒有。」

這樣的父母，投射死本能的方式是，你不可以對美好有任何嚮往，不可以心生熱情，必須跟我們一樣謹小慎微，活在既定的軌道裡。在這樣的家庭裡，在父母眼中，活力就是罪惡，大家必須一起僵化。

父母喪失了自己的活力已經很可悲，為什麼會想要把孩子也變成這樣呢？

一是為了安全感。「如果我們是一類人，就會一直生活在同一個世界裡。你若是活力四射，積極向外探索，那你最終肯定會離開我、拋棄我。」

二是為了逃避痛苦。好比一個人在黑暗中待久了，突然見到陽光，第一個反應不是開心，而是感覺眼睛被灼傷。

展現出活力的孩子會刺激到父母，打破父母原有的平衡。對一些人格力量太弱的父母來說，他們根本無法承受這種打破，無法在破碎之後整合、提升自己。他們會覺得這種打破是對自己的攻擊，更加刺激了自己的無助，令自己對失敗的人生感到絕望。

孩子越有活力，就越像在打父母的臉，所以必須掐滅孩子的活力，壓制孩子的生本能，讓孩子的能量水準跟自己一樣低，彼此才可以相安無事，繼續維持原有的病態平衡。

第二種是讓孩子覺得自己一無是處。

父母自己的人生乏善可陳，卻總是挑剔孩子身上不夠好的地方，無論孩子怎麼努力，父母都會讓他覺得自己一無是處。

死本能嚴重的父母，會把每一個小小的挫折都延伸、擴展成毀滅性的結果。比如孩子稍微表現出一點對學習的抗拒，或者某次考試沒考好，父母就會咆哮起來：「你以後不要上學了，浪費家裡的錢！」可想而知，這樣的孩子肯定活得縮手縮腳。犯一點小錯，遭遇一點小挫折，就會覺得天都要塌了。

一位網友說：「我的父母就是這樣，之前在家時，我被逼得跳樓。前兩天，弟弟也被逼得喝農藥自殺。父母對我們永遠都是抱怨、指責，把我們當垃圾桶，負面情緒全都拋給我們，而他們自己卻從來不想改變，錯的永遠都是孩子。」

如果孩子對這種死本能的投射沒有覺察，很可能就會配合父母，真的變成一無是處的角色。

每個想要自殺的孩子，都是在替父母「去死」

家庭中的死本能就像鬼魅一般，總在找機會附著在他人身上。如果父母對自己沒有覺知，不能夠自我負責，這份痛苦就會轉嫁到孩子身上。

可以說，每個想要自殺的孩子，都是在替父母「去死」。孩子無條件地愛父母，當父母把痛苦轉嫁給孩子時，孩子沒有能力區分這是誰的，只會統統收下，並且真切地覺得是自己不配活在這個世界上。

事實上，孩子的生命才剛剛開始，很多未知等待他們去探索。每個孩子都對這個世界很好奇，都想要活下去。

1：指人們在受到挫折或面臨焦慮、壓力等狀態時，放棄已經學到的比較成熟的適應技巧，退而以原始、幼稚的方法來應對。

03

把愛和精力留給值得珍惜的人

每一個從小「背鍋」的孩子，原本都是想要「拯救」父母的，他們不惜犧牲自己，只渴望父母能夠好起來。

如今孩子長大了，可以清醒地覺知：這樣的關係不要也罷，我們做好自己，只把愛和精力留給真正值得珍惜的人。

家族中的死本能傳遞還有第三種方式，那就是，把自己內心的劇情說成是孩子的。

有人說：「我的父母雖然嘴上說著希望我有出息，但心裡卻萬般盼望我沒用。他們密切窺探我的言行，常常雞蛋裡挑骨頭，一旦揪住一件小事，便猶如蚊子見了血般興奮不已，對我肆意辱罵貶低。他們還會想像出一些完全與我無關的劇情，硬套給我，然後抨擊我。而這些劇情，恰巧是他們自身的精準寫照。」

我把全部精力拿來自救

我大學畢業時，精神已經瀕臨崩潰，努力想辦法讓自己活下去。那個時候，我還沒有走進社會，沒有能力正常工作。媽媽總是打電話問我工作找得如何。

我明確地告訴她：「我雖然在投簡歷，但是已經覺得自己快要活不下去了。我真的沒有能力像正常人一樣工作，我現在全部的精力都得拿來自救，避免自殺。」

媽媽聽了我的解釋，斬釘截鐵地說：「我明白了。你不找工作，就是因為怨恨我們沒有能力給你安排工作。你在怨恨我們家沒本事！」

這個論斷讓我一愣，「簡直亂講，根本不是這麼回事。」

媽媽將內心的劇情投射給我

但我稍微一思考，就明白了她為什麼這樣說。

小時候，媽媽跟我抱怨過無數次，說姥姥姥爺家裡一點關係都沒有，導致沒人提拔她，她的工作隨時會被有關係、有背景的人搶走。

但真實情況卻不是那樣。事實上，公司領導幾次想要提拔媽媽，都被媽媽拒絕了，她反覆表示：「我能力不行，連現在的職位都不一定能勝任，更不可能升遷。您給我降低職位，我反倒更樂意。」

其實，她的職位收入低，勞動強度又大，有關係、有背景的人哪會願意做呢？是她自己一直活在怨恨父母無能的無助中，卻把內心的劇情投射給我，硬說成是我的。

在媽媽的描述中，我是惡魔

從小到大，我在媽媽的描述中簡直就是惡魔：我一心想要媽媽過得不好；我像吸血鬼一樣只想著剝削她，絲毫不願意付出；我極度貪婪，怨恨親人，十惡不赦……

在上小學的時候，每次媽媽說我各種不好，我都會憤怒和反抗。可是**隨著媽媽每天的洗腦，我逐漸開始反思：我是不是真的很不堪？我內心到底有沒有一絲一毫這些醜惡的想法？**

這時候，我已經開始把媽媽硬安給我的劇情主動往自己身上套——我承接了她的死本能。

當她成功地把死本能投射給我，她的內心才得以暫時安寧。

很多網友給我留言，說他們的媽媽總喜歡揪住一個小錯誤，肆意辱罵攻擊，等把孩子罵得精神崩潰之後，媽媽簡直意氣風發、神清氣爽，就是這個道理。

我特別容易去扮演「壞人」角色

成年後的我，也無可避免地把這個模式帶到了各種關係中。我發現自己在個人關係裡，特別容易去扮演壞人的角色。

比如一個團體中，很多人都有這樣或那樣的不滿，比如對主辦方不滿、對某個老師不滿等，但是他們都不表達，而我總是會主動請纓，替他們表達。我的自我感覺是在替大家打抱不平、伸張正義，可是反過來，大家都覺得我是個麻煩，「李雪是破壞和諧的壞分子。所有的不和諧，都是她造成的。」

在親密關係中，這個模式也會精準重現。我經常莫名其妙地被對方認定為各種各樣的「壞」。

比如，我跟男友一起見他的大學同學，恰巧那天我身體出了一些狀況，比較虛弱，吃飯的過程中，居然坐著坐著就睡著了。當時男友並沒有跟我談這件事，而是在心裡暗暗給我定了一項罪名——「排斥我的同學，不尊重我的朋友」。

直到幾年後，他把這件事講出來，我才知道自己早已被定了這項罪名。但是，當他指責我不尊重他朋友時，我的第一反應是，做得不好，我內心對別人不尊重、不友好，我要好好檢討自己。

這個反應，跟我童年的經歷一致：媽媽指出我的任何過失，我都認真「背鍋」，主動攻擊自己。

可是，當我理性梳理一遍後，看到的真相其實是，男友自己覺得跟同學聊天很無聊、浪費精力，而他把這個劇情投射給我，這樣他就可以自我感覺是一個樂於接待同學的好人。我那天之所以會睡著，一方面是身體原因，另一方面也是感受和承接了他內在被壓抑的感受——「這真是一場無聊的會面」。

在親密關係中，我不斷「背鍋」

在親密關係中，我不斷「背鍋」，渾身貼滿了負面標籤。看到這一點之後，我果斷遠離了各種在劇情中妄想的人，同時也不斷覺察自己，不再輕易被別人的投射擊中，不再去承接別人內心的死本能。穩住自己的中心，守住真實感受，為自己發聲。

每個人都可以保持這樣的覺知。如果你也在關係中經常扮演「壞人」，情緒過分激烈，那麼很可能是因為承接了對方的劇情，把對方身上不被接納的、陰暗的部分套在了自己身上。

每一個從小「背鍋」的孩子，原本都是想要「拯救」父母的。他們不惜犧牲自己，只渴望父母能夠好起來。

如今孩子長大了，可以清醒地覺知：這樣的關係，不要也罷，我們做好自己，只把愛和精力留給真正值得珍惜的人。

04

承認自己對孩子的恨與嫉妒

對孩子的恨和嫉妒是提醒，提醒我們向內看，重新養育自己，讓關係變得更加富有生機，更加真實和有深度。

同時，它也是一枚勛章，見證著我們每個人終結輪迴的勇氣和智慧。

放暑假時，侄女和妹妹到我家來住。侄女是個很內向的女孩，不愛運動，也不愛說話。或許是因為我給了她們百分之百的自由，允許她們所有的事情都自己做主。一個多星期後，她們發生了巨大的變化，變得熱情四溢，經常放聲大笑，蹦蹦跳跳。

一天晚上，侄女在客廳裡開心地蹦跳，把地板弄得咚咚響。我趕緊對她說：「不能這麼蹦，會吵到樓下的。」

這話聽上去沒問題，完全合乎道理，相信很多人都會投「贊成票」：就該如此，熊孩子就得教育，要讓她懂得什麼叫禮貌和規則，什麼叫尊重他人。

我嫉妒侄女的活力與快樂?!

但是，我沒有繼續合理化自己的行為，沒有去美化自己的發心，而是**誠實地向內看**。

我覺察到，自己心裡有一種嫉妒的感覺一閃而過——我嫉妒侄女活力爆棚，她有止不住的快樂能量，需要用蹦跳來表達，而這種嫉妒驅使我去制止她。並且，聰明的頭腦還巧妙借用了一個無懈可擊的說詞：不要吵到樓下的人，這是基本的道德。

或許有人會問：「難道就讓孩子隨意蹦跳，不考慮樓下了嗎？」

孩子蹦跳，其實只是在那個當下，那種快樂抑制不住的表達，也就幾秒鐘而已，並非常態。

如果她持續蹦跳，或者這次提醒了，下次還這樣跳，那麼可以跟孩子說：「想蹦跳的時候，最好在墊子上蹦，這樣就不會吵到樓下了。」

反觀我的做法，在孩子能量正蓬勃的時候，用正確的道理制止她，讓她收緊，這是出於我的嫉妒——「我自己的能量總是低迷和收緊，憑什麼你那麼有活力？你的活力刺激了我，更加映襯出我的萎靡」。

覺察到自己的嫉妒，我想，我確實活得沒有青春、活力，所以哪怕培養出活力再難、再慢，我也要好好地重新養育自己，讓自己舒展，重新活過來。

這個過程非常不容易，我們陪著自己，一點點進步就好。

媽媽會嫉妒和恨孩子，這很正常

當一個女人生下孩子，大多數人都會想：我很愛自己的孩子，要把全部的愛都給孩子，我怎麼可能會對孩子有恨和嫉妒呢？絕對不可能。

我們希望自己對孩子的愛純粹得像童話故事一樣，然而這是不可能的。媽媽是人，孩子也是人，兩個人之間的關係不可能只存在愛，不存在其他情緒感受。當媽媽不得不每天困在家裡餵奶、照顧孩子，而身邊的朋友卻四處遊玩時，媽媽很可能會恨孩子拖累了自己，甚至後悔這麼早就生了孩子。

這很正常，有恨升起，並不等於媽媽就是個壞媽媽，也不等於媽媽照顧孩子是不情願的，更不等於媽媽的愛不夠多。

這種恨會升起，也會落下，它並不會真正傷害到孩子。但是，如果媽媽不允許自己感知到它，要求自己活在「完美媽媽」的自我意象中，就會激烈地評判自己：我怎麼能這麼想呢？我既然選擇了生孩子，就應該一心一意為孩子服務，給予他完美的愛，否則我就是個不合格的媽媽。

而如此苛刻的自我評判、自我要求，不會讓媽媽內心對孩子的恨消失，反而會以其他方式隱蔽地見諸行動。比如故意延遲回應孩子、假裝無法讀懂孩子的信號、給予孩子並不需要的照顧等等。這些看似不經意的瞬間，就是媽媽的恨在攻擊孩子。

媽媽是否太疲累了？

在這種時候，媽媽要關注自己的身心，關注自己的情緒：身體是不是太累了？情緒上是不是感到很無助？此時我能為自己做些什麼呢？可不可以找老公或其他人幫忙帶孩子，讓自己休息一下？是否需要做些身體理療、按摩？是否需要跟心理醫生談談？

升起所謂可怕的念頭，不是媽媽的錯，也不是孩子的錯。我們只需要經由這些念頭的提醒，去向內看，關照自己的身心。

然而在有些家庭中，類似的念頭是不被允許的。不僅媽媽自己，家裡其他人也不允許媽媽出現負面情緒，一味要求她扮演完美的無私奉獻的角色。在這樣的環境中，媽媽自殺或者殺死孩子的可能性會大大增加。恨並不可怕，可怕的是不被承認的恨。

嫉妒不可怕，可怕的是否認其存在

同樣，我們也經常會嫉妒孩子。嫉妒不可怕，可怕的是不被承認而用頭腦去合理化的嫉妒。

有的媽媽規定，孩子一天只能坐一次搖搖車、每次去超市只能買一樣東西……這些規定，被頭腦以各種各樣的方式合理化——「我這是為了培養孩子的自律性和意志力」、「如果孩子要什麼都滿足，豈不是會無法無天，把整個超市都搬空」等等。

所有這些看似合理的理由背後，可能只是嫉妒而已。**因為媽媽的內在小孩充滿匱乏之感**，「我小時候想要的東西不敢直接要，現在你憑什麼可以全然被滿足。」

有媽媽聽從我的建議，不再限制孩子買零食，允許他去超市想買什麼就買什麼，想買多少就買多少。

有意思的是，幾次買下來，媽媽發現自己買的零食比孩子還多，孩子只是挑幾樣自己喜歡的，而媽媽卻無論喜不喜歡，都買了一堆。

媽媽需照顧自己內在的小孩

突然間，這個媽媽明白了，她以前限制孩子，是因為自己內在的小孩匱乏得太久了。現在好了，誰也不用嫉妒誰，一起富養，一起成長。所以，**嫉妒是一個信號，在提醒我們向內看，看到內心的局限和束縛，重新溫柔地養育自己、滿足自己**，讓心靈的寬度不斷增加。

我上初中時，成績一直名列前茅。中考填志願時，我想報考錄取分數線最高的一所高中，但如果達不到分數，就要繳幾千到幾萬不等的贊助費。

我對自己比較有信心，覺得應該不需要繳贊助費。但是考試這種事，誰也不敢保證萬無一失，於是填報志願時，我跟媽媽說：「我想報考這所高中，萬一差了一兩分，能不能繳幾千塊的贊助費？」

媽媽堅決地說：「考高中是你自己的事，你考得上哪裡，就報哪裡。我不會給你掏一分錢。」

媽媽冷漠的態度，讓我一下子崩潰了，甚至產生了放棄報考這所高中的念頭。

實際上，當時我家的經濟情況並不差那幾千塊錢，在孩子升學這種重大事情上，一般家庭也都不惜花大價錢。我無法理解，媽媽平時在金錢上對我還算大方，尤其在學習上，她一向很重視，可為什麼到了這樣的緊要關頭，她卻像變了個人一樣，讓我自己去承受所有的壓力、恐懼和無助呢？

媽媽內心的創傷被激發

後來我回想這件事情，想起媽媽經常跟我抱怨，說自己小時候學習成績很好，可是家裡人都不在乎她，學校開家長會，爸媽都不去。而我小時候，媽媽卻會很積極地去參加家長會。想到這裡，我明白了，在報考高中這樣的重要時刻，媽媽內心的創傷被激發了。

在學習這件事上，媽媽為我做的已經比她的父母要好很多，但她內心其實很嫉妒我。為什麼我作為獨生子女，得到了這麼多的關注和資源，而她小時候卻被冷漠對待？媽媽一直活在自己是個聖人的感覺裡，絕對不允許自己感受到對我的恨和嫉妒。但這些真實存在的恨和嫉妒，終於在我報考高中的關鍵時刻爆發了——她用冷漠、決絕讓我體會到了她小時候經歷過的痛苦。

理解到這一層，我反而有些感動。**我看到媽媽在孩子的學習教育這件事上，已經在努力地給予重視，讓輪迴終止。**

可以這樣說，如果父母升起了對孩子的恨和嫉妒，那說明他們已經在很努力地給予孩子他們自己小時候沒得到過的愛。

對孩子的恨和嫉妒是提醒，提醒我們向內看，重新養育自己，讓關係變得更加富有生機，更加真實和有深度。同時，它也是一枚勳章，見證著我們每個人終結輪迴的勇氣和智慧。

05

拋開對錯評判，連結事物本質

如果父母希望孩子成為一個敢於承擔責任的人，那麼，最好的方式就是，無論發生什麼，簡簡單單，就事論事地解決問題本身。

我在微博裡看到一個被眾人稱讚的教育孩子案例：媽媽帶孩子乘坐輕軌，孩子在車廂裡拿著優酪乳亂跑，媽媽讓孩子坐好不要動，孩子不聽，結果摔倒大哭，優酪乳灑了一地，其他乘客都扭過頭看。

孩子大概摔疼了，想讓媽媽抱，媽媽說：「想抱，就不准哭。」孩子立刻不哭了。

然後，媽媽拿出紙巾和垃圾袋，讓孩子把地上的優酪乳擦乾淨，「自己做錯的事，要自己負責收拾。」又跟孩子講道理，分析他犯的錯誤，讓孩子向周圍乘客道歉。孩子照做之後，媽媽終於在他的腦門上親了一口，把他抱了起來。

於是，大家都稱讚這位媽媽會教育孩子，感嘆要是天下的父母都如此，世上就沒有熊孩子了。

孩子壓抑自己的哭泣，討好媽媽

這個案例裡面，有很多資訊值得深究。

首先，孩子為什麼拿著優酪乳在車廂裡亂跑？大家都知道，如果拿著液體飲料，是不應該跑動的，尤其在時而加速時而減速的輕軌上，飲料很容易灑出來，弄髒手和車廂環境。

所以我推測，這個孩子可能平時受到家長嚴格的行為限制，這不能做，那不能做，所以很少有機會體驗盡情跑動的感覺。對於什麼場合適合跑動，他沒有經驗。或許是因為活力被壓抑久了，到了人多的公共場合，他才會抑制不住地興奮、亂跑。

其次，孩子摔疼了會哭，希望得到媽媽安撫，這是多麼正常的事！然而，**孩子的這種心理渴求，卻成了媽媽控制、威脅孩子的手段——「你必須符合我的要求，我才會給你想要的情感撫慰」**。所以，孩子立即壓抑了自己的哭泣，去討好媽媽。

最後，灑了優酪乳是一個意外，處理意外其實很簡單，擦乾淨就好了。媽媽跟孩子一起動手，盡快把地面收拾乾淨，多麼自然的事情！但是這位媽媽卻把一件簡單的事情，上升到對與錯的評判，分析孩子的錯誤，讓孩子明白自己做錯了，並為自己的錯誤承擔責任。

媽媽透過孩子主動道歉，避免自己被懲罰

這還不夠，媽媽還特意讓孩子跟大家道歉。為什麼要特意道歉呢？因為大家都扭過頭來看，這會讓媽媽認為大家已經在評判自己了，覺得很羞愧，所以要透過讓孩子道歉的方式，來減輕自己想像中被評判帶來的羞愧感。

可見，**這位媽媽自己的內心有著嚴重的評判與被評判的劇情。**用精神分析的術語來說，媽媽的內在有一個嚴厲的懲罰性「超我」，她要透過孩子主動道歉來避免自己被懲罰。

事實上，優酪乳灑到地上，可能會打擾到一些乘客，但是沒有人會覺得自己被傷害了。好的解決方式是順其自然，不加戲，不加劇情，重在解決問題。

孩子摔疼了，媽媽抱抱他、安撫他；優酪乳灑地上了，媽媽和孩子趕快動手打掃乾淨；打擾到別人了，說一句「打擾了，不好意思」就可以。

這樣，孩子可以從大人處理事情的態度和方式中，學會就事論事地解決問題。心態平和，快速反應，對自己和他人都不評判、不威脅、不控制。

威脅式的「愛」

一個內在有著嚴厲的懲罰性「超我」的人，總是上演對與錯、評判與被評判劇情。

那個灑了優酪乳的孩子，如果內化了媽媽的形象，作為內在嚴厲的「超我」，他就會堅信：如果我做得不正確，我就不值得被愛；如果別人做得不正確，就不值得我好好對待他。

這樣的孩子，失去了自己內在的中心，圍繞著媽媽的喜好來衡量自己，就會很容易被操控。

他長大後，女朋友可能對他說：「如果你不努力賺錢養家、買車買房，你就是個不上進的人，那麼，我就不會跟你在一起。」有內在中心的人，不會接受這種威脅式的「愛」。「我願意跟你一起奮鬥，一起創造我們的幸福，但是我不會接受被威脅、被控制，不會接受這種沒有滋養的關係，因為我是有尊嚴的人，不是物。」

而沒有自我的人，往往會被這種劣質的關係纏住。「女朋友說得對，男人確實應該上進、努力，買車買房。如果我還做不到，就是我不夠努力、不夠好，這樣的我確實不值得被愛。我必須足夠努力，符合這個正確的標準才行」。

當這個孩子工作之後，跟同事合作時，如果同事不經意犯了錯誤，他可能會嚴肅地告訴對方：「你錯了，你應該認識到自己錯在哪裡，應該去道歉，並且要為自己的錯誤承擔責任。」

可想而知，他跟同事的關係肯定是一塌糊塗。站在同事的角度，「我做錯事，承擔責任，盡力挽回，這本來是很自然的事情。但是如果旁人來告訴我，或在心裡評判我，會讓我感到特別不舒服。」

一心要爭個對錯

我在生活中就遇到過這麼一個人——小A。她因為工作疏漏，給公司和客戶造成了利益損失。就在團隊成員都在努力想辦法解決問題的時候，小A卻一心要爭個對錯：這個責任歸誰，那個責任歸誰，絞盡腦汁地跟自己撇清關係。

深究起來，小A的父母就是那種一輩子活在清白感中的人。說正確的話，做正確的事，做道德的人。所以在小A眼裡，對與錯是非常重要的事情。「錯誤的人是不會被接納的」，出於對犯錯的恐懼，她變得害怕承擔責任。

如果父母希望孩子成為一個敢於承擔責任的人，那麼最好的方式就是，無論發生什麼，簡簡單單、就事論事地解決問題本身。這樣，孩子會覺得：我是可以嘗試、可以犯錯的，犯錯的後果，我也能接受，並想辦法解決。他不會認為犯了錯就不會被別人接納。內心沒有這樣的恐懼，就能輕輕鬆鬆地承擔起自己的責任。

高情商的人身上通常都具備這樣的特質。工作中出了意外，第一時間，組織大家聯合起來，齊心協力想辦法解決問題、彌補損失，而不是先去追究誰對誰錯。

等問題解決完了，大家再來一起思考怎麼吸取教訓、改進工作流程，避免以後再發生這種意外。

如果必須要有人對此做出賠償，那麼，找第一責任人來承擔責任，不會造成團隊成員之間彼此評判誰對誰錯，更不會發生「為了證明自己對，而給對方貼上錯誤標籤」的情況，所有人都聚焦於努力把工作做得更好。

能夠這樣處事的人，肯定會廣受歡迎，得到大家的信任和老闆的重視。這樣的人具有領導能力，能夠不帶劇情、不加戲，直接去連結事物的本質。以做好事情為目標，必然輕鬆獲得豐盛人生。

對錯評判會讓自己和周圍人的效率、能力都受到損害。一些特別成功的人，能量極其充沛，能同時做很多事情，還能把每一件都做到極致優秀。比如伊隆・馬斯克，他創造的PayPal是全球最大的網上支付公司，他還創造了太空探索技術公司（SpaceX）、特斯拉電動車能源公司……一個人兼任幾家公司的CEO，而且每家公司在行業內都是頂級優秀的。

而大多數人，可能連一份工作、一件事情都要忙得焦頭爛額，陷入各種糾纏的關係中無法自拔。

其實，特別成功的人通常並不像我們想像中那樣城府很深、精於籌謀和計算。越成功的人往往越單純，看他們的一些言論、傳記就會發現，他們只是單純地喜歡做這件事，然後很投入地琢磨怎麼做好。

他們沒有把自己內心的劇情帶到工作中，比如對與錯、「我這麼做是為了證明自己什麼」等。他們的內在很順滑，沒有損耗，可以直抵事物本質，源源不斷的創造力就由此而來。

放掉劇情，放空自己

也有很多人問我：「你是怎麼同時做這麼多事情的？」我要帶領團隊進行產品技術開發，每天都要做程式測試、寫技術回饋報告；錄製課程，一週三節課，光是課件文稿就有一萬多字；在微信社群裡，帶領大家成長，並不間斷地設計自己的服裝品牌。

工作以外，健身、舞蹈也沒有落下，我還喜歡自己做食物、整理屋子，把家裡裝扮得溫馨舒適。此外，我每天還會花很多時間網購。

那麼，我是如何做到的呢？其實，我是一個心理問題很嚴重、有很多劇情的人，但是我做事情的時候劇情非常少，就是直接用邏輯理性連結事物本質。正因為如此，創造力就像泉水一樣，在我體內源源不斷地產生。比如，我喜歡設計衣服，是因為經常有一些關於衣服的設計創意冒出來，我想要這樣去呈現一件衣服，如果不去做，我會被憋住。

這就是我反覆強調的：放掉劇情，放空自己；復歸嬰兒，乾乾淨淨。不帶劇情、不加戲地做事情，你就很容易獲得成功和豐盛。

第六章

真相在孩子的感受中

01

尊重情緒，而非給予規則

別人做得正確與否，跟自己有什麼感受，其實是兩回事。別人沒有做錯，不代表孩子就不應該有不好的感受。

最近有一條微博特別火，標題是〈只要家長教得好，世上根本沒有熊孩子。這樣的父母太讚了〉，文章裡列舉的教育方法受到了很多網友追捧。其中一個場景說的是孩子跟媽媽去電影院，在看電影的過程中，孩子一直問問題，於是媽媽開始教育他——

媽媽：「現在是什麼場合？」

孩子：「電影院。」

媽媽：「電影院是不是公共場合？」

孩子：「是呀。」

媽媽：「你在公共場合大聲說話，是不是會影響到別人？」

孩子：「是。在公共場合影響別人的都是垃圾人。」

媽媽：「那你是不是垃圾人？」

孩子：「我不是。媽媽，我不說話了。」

一場電影下來，孩子真的一聲沒吭。

於是作者感嘆：「要是每個家庭都像這位媽媽一樣教育孩子，那世上就沒有熊孩子了。」

孩子遵守規則，是因為害怕被懲罰

大家都知道，電影院裡應該保持安靜。可是，為什麼會形成這個規則呢？因為當你在電影院安心看電影時，不會希望被其他聲音干擾，別人同樣也有這個需求，因此形成了保持安靜的公共規則。這是出於人的同理心，是對自己和他人需求的尊重。

一個孩子，如果他的需求從小就被父母尊重，那麼，他自然也會具有同理心，能夠尊重別人的感受。

假設大家都像微博中的媽媽那樣去教育孩子，會發生什麼呢？我們會看到「評判」——孩子害怕被媽媽評判為垃圾人，於是不說話了。他保持安靜，並非出於對別人的同理心，而是因為恐懼被評判、被懲罰，不得不遵守規則。

假設這個孩子處在一個沒有監管的地方，沒有媽媽看著，也沒有攝影機盯著，他還會遵守規則嗎？不一定。而具有同理心的孩子，不論有沒有監管，都會發自內心地維護規則。

如果這個媽媽經常評判孩子，利用孩子對評判的恐懼來操控他，那麼，在孩子

心裡，就會慢慢內化出一個嚴苛的、充滿評判的媽媽。

當孩子長大後，在電影院遇到別人大聲喧譁，他不會心平氣和地去提醒，因為心裡已經開始一輪評判，會用鄙夷的態度去攻擊對方——「我是安靜的，我是好人，有道德的人；你在電影院裡不守規矩，你是垃圾人。」

抱持這樣的心態去跟別人溝通，很容易引發無謂的衝突。

父母尊重孩子的界限，孩子才會尊重別人

那麼，教導孩子遵守公共場合規則，父母正確的做法，應該是怎樣的呢？這裡有一個大前提，即父母平時就尊重孩子的界限，給孩子自由。

比如父母第一次帶孩子去電影院，出門前可以先跟孩子商量，「電影院是很多人聚在一起看電影的地方，我們需要和大家一樣保持安靜。如果你有什麼需求，要靠近爸爸媽媽的耳朵輕聲說。你覺得這樣可以嗎？」這樣跟孩子商量，他就可以保持主體性，自己做出選擇。

假如他選擇了去電影院，就意味著他主動選擇遵守公共場合規則，而不是被

教育「你必須遵守」。出自內心地選擇去做，孩子的內在就不會產生「遵守規則的超我」和「不願意遵守規則的本我」之間的對立衝突。

如果在電影院遇上別人大聲喧譁，父母可以告訴孩子，「他們可能有比較重要的事情，所以需要講話。或者他們心情激動，忘了保持安靜。如果我們覺得被干擾了，可以扭頭跟對方笑一笑，提醒一下。」

在整個過程中，父母與孩子協商，講清楚事情緣由，讓孩子充分體驗到什麼是被尊重。這樣的孩子，自然會尊重他人，而且**會學到：即使遇到矛盾、衝突，我們也可以心平氣和地解決，不評判、不傷人。**

孩子壓抑感受，偽裝出媽媽喜歡的樣子

再來看另外一個事例：火車上一對母女沒有座位，過道上的旅客可能擠到了孩子，孩子哼哼唧唧地跟媽媽告狀。

媽媽很溫柔地說：「你看叔叔阿姨也不是故意的，對不對？你就原諒他們吧！」孩子點點頭。這件事情也被視為「家長優秀教育」的典範。

但是回想一下，我們大多數人應該都有過被擠的經歷，即使是成年人有時也難以忍受。

這個孩子，周圍大人的身形是她的好幾倍，淹沒在這樣的人群中，那種感覺就像身處一群巨獸中，沒有喘息之地。

孩子很可能恐懼不安，她也許並非是在告狀，「我被他們擠到了，我不能原諒他們。」而是在向媽媽發出求助信號，渴望得到安撫。

這個時候，媽媽輕飄飄地說：「他們不是故意的，你原諒他們吧。」如此，**孩子接收到的資訊就是，別人沒有做錯，錯的是我的恐懼、不安，我應該否定自己的感受，跟媽媽一樣，做一個寬容大度的人，否則就是不懂事的。**

這種教育下的孩子，就算因此變得懂事，所表現出的寬容，也不是內心強大帶來的，而是在壓抑自己的情緒感受，偽裝出媽媽喜歡的正確的樣子。

別人做得正確與否，跟自己有什麼感受，其實是兩回事。別人沒有做錯，不代表孩子就不應該有不好的感受。

邏輯理性和情緒感受原本是沒有衝突的。一件事情發生了，即使對方什麼都沒做錯，我們也可能有不舒服的情緒感受。一個孩子，如果從小他的情緒感受就能夠被父母看見，得到父母的安撫，那麼，長大後，他就會具有自我安撫和看見別人的能力，這就是我們所說的「同理心」。

所謂「高情商」，指的正是不評判對錯，只尊重事實，尊重當下真實發生的情緒感受。

孩子感到難過，父母可以既不評判孩子「怎麼這麼無理取鬧」，也不攻擊自己「我是個不稱職的父母」，只需要簡單直接地允許孩子難過，陪伴他走出負面情緒，這才是真正的「教育典範」。

內心強大結實，就事論事地解決問題，不製造無謂的衝突對立。

02

匱乏式養育給孩子帶來一生的捆綁

窮養會給孩子的一生帶來捆綁和束縛，導致處理問題時拘束的心態，並產生各種扭曲的後果。

我曾經發過一條微博，請網友們說一說自己聽過最寒心、最傷人的話。大家反應很激烈，評論區裡各種留言觸目驚心，其中大部分的話都出自父母之口。

而有一條留言，看上去並不殘酷，但著實讓人辛酸。

這位網友說，自己聽過最寒心的話，是小時候媽媽一臉哀怨地說：「你和別人不一樣。你要懂事，我們家真的是最窮了，還有誰比我們家更差？沒有了！」這句話對他的影響，深入骨髓。正是**因為這句話，自卑和無力感在他的心中深深扎根。**

窮養

最常見的窮養，往往發生在重男輕女的多子女家庭中，並且常落在中間出生的那個女兒身上——一個不被期望出生的孩子，生下來沒有被扔掉或送人，就已經算是幸運的了。

這樣的孩子，普遍被嚴重忽略。她們要想活下去，唯一的生存之道就是保持「美德」。什麼樣的「美德」呢？第一，盡可能節儉，表現出無欲無求；第二，愛做事，拚命付出。由此延伸出去，一切跟娛樂、舒適相關的事情，都是羞恥的事情，絕不可以做。

那些被嚴重忽略的孩子，在家庭中的序位經常是這樣的：吃飯最後一個上桌，吃父母、兄弟剩下的，即使吃不飽，也不敢要更多；全家出去看電影，她會主動要求留下來做家務，以此博得「懂事」的稱號；只要在家裡，就不停地做事，連停下來休息一會兒，都會覺得很羞恥；平時不打扮自己，在學校裡很少跟同學打打鬧鬧，對於那些能說會道、愛打扮的女同學，通常都抱著鄙視的態度，覺得對方太「輕浮」。

這樣的童年經歷，會對人的一生產生什麼影響？

第一個影響，是窮養帶來的行為特質——怨氣。

很多人說，自己其實特別想對父母好，但是對他們好，太難了。比如父母經常抱怨「你都不請我們吃點好的」，做兒女的一聽，趕緊請父母去大飯店，誰知道父母死活不肯去；好不容易勸說去了一次，上桌點菜時，父母又一個勁兒地抱怨「飯菜貴」、「不值得」、「還不如自己家裡做的好吃」等等。

為什麼父母會這樣？因為這些精美的飯菜激發了父母的欲望，而**這個欲望一升起來，他們內心的羞恥感就開始折磨自己**，所以才會不斷地抱怨，把自己內心的折磨扔給子女。

我記得自己小時候，每次全家準備出去玩，最後都會變成一場吵架。我和爸爸希望跟媽媽一起出去玩，可是媽媽總是猶豫不決，她老覺得家裡還有什麼事沒做完，不能出去玩。

於是我們就勸她，好不容易她同意了。臨走時，卻又反悔，結果爸爸氣得大吵大罵。如果我和爸爸單獨出去玩了，回來也會被媽媽抱怨，「你們就知道出去快活，剩我一個人操心這個家。」

其實，媽媽在單位也是這樣，同事們組織出去旅遊，媽媽卻主動要求留下來值班，誰勸都不去。等到同事們旅行回來了，她又表現出各種怨氣。

第二個影響，是窮養帶來的人格特質——無力感。

人不可能沒有欲望，只要是人，就會期望更好的生活。比如我的媽媽期望升職，而領導對於她的工作也是給予肯定的。但她從小就被家裡的窮養氛圍所薰染，內心極度無力，無力到她想要升職時，反而跑去申請降職。

可笑的是，媽媽回到家又開始抱怨，「我任勞任怨那麼多年，領導卻不給我升職，就是因為我們家沒背景。」窮養會帶來內心深深的無力感，這種無力感會讓人主動拒絕一切好機會，並想像周圍的人都在惡意地對待自己。

被窮養出來的孩子，思維特質沒有主體性，說話通常不會以「我」開頭，不會說「我想要什麼」。

有的媽媽經常會問孩子「想吃這個嗎？」「想吃那個嗎？」其實孩子並不想吃，而是媽媽自己想吃，但是她無法表達出自己想要什麼。

我們經常會看到這種現象：父母買一些孩子不愛吃的水果，做孩子不愛吃的飯菜，然後對孩子說「都是為你做的」。把自己的欲望說成是孩子的，然後強迫孩子接受，否則就攻擊孩子「沒良心」。

這樣會給孩子帶來沉重的壓力感，從而使他**失去主體性，不能發自內心地表達「我想要什麼」。這是窮養出來的孩子的一個特別致命的問題。**

沒有主體性的人，遇到事情往往會說：「沒辦法啊，現實情況逼我如此，我只能這麼做。」他會說，這是「公司的需要、領導的需要、家裡人的需要」，唯獨不是「自己的需要」。

可是，即使是公司的需要，難道工作不是他自己選擇的嗎？即使是孩子的需要，難道生養孩子的決定不是他自己做出的嗎？就算是順著別人的提議去做一件事情，一旦開始著手做了，其實就是自己的選擇——選擇跟隨別人一起去做這件事，而不是為了別人的需要，為這件事付出。

沒有主體性的人，幾乎不可能有創造力，無法做出有獨特價值的事情，自然也就很難擁有財富。

有的家庭主婦，心裡總是覺得「我在為這個家付出」，以這種心態做家務，家裡最多是乾淨，但不會有美感。而如果心裡想的是「做家務是我自己的選擇，我渴望美化自己的家」，這樣家裡就會呈現很有情趣的美感。以這種心態把家務做到極致，還可能成為家政女王，指導別人做家務，或者出版書籍，甚至由此發展出自己的事業，名利雙收。

第三個影響，是窮養會帶來關係中的低自尊感。

比如有的父親會感到驕傲，「我女兒特別棒，她不愛慕虛榮，從來不提要求，特別懂事。」我身邊有好幾個例子，被父親這樣誇獎長大的女兒，長大後都隨隨便便就下嫁了。婚後辛苦工作、帶孩子，賺的錢，全部交給老公養家，而老公卻自己賺錢，自己花。

這是一種非常明顯的不平等關係，但是對窮養出來的女孩來說，她們卻覺得這一切理所當然。

社會上有些人嘴毒，說她們是「自己輕賤了自己，男人買點小禮物，說點花言巧語，她們就受寵若驚，乖乖地把自己獻出去了」。其實，她們不是輕賤自己，而是因為從小就沒有被好好對待過，長大後只要有男人對她好一點點，她都會覺得自己「不配」。不配怎麼辦？只好獻出自己了。

相比於女孩，窮養出來的男孩經常表現出過度脆弱敏感的自尊心。比如大家聚會時，一定要自己請客或平均分攤費用。如果誰幫他付了錢，他會覺得是對自己的羞辱。

當在關係中遭受挫折、與伴侶起了衝突，他會第一時間想到「肯定是她瞧不上我了」。有了這種想法，自然沒法就事論事地解決衝突了。這同樣是低自尊的表

創傷發生得太早

放下愛無能、自責、敵意與絕望，
找回安全感與存在感

現。

總的來說，窮養會給孩子的一生帶來捆綁和束縛，導致處理問題時拘束的心態，並產生各種扭曲的後果。

03

專注是每個孩子本性中潛藏的能力

專注力不是培養出來的，而是在愛和自由的澆灌下自然生發的，它是每個人本性中潛藏的能力。不去破壞，就是最好的培養。

什麼是專注力？專注力是一個人直接連結事物本質的能力。這個能力並非天才專有，人人都可以有，但前提是它沒有被破壞。

照顧者專心回應孩子、愛孩子，孩子就能發展專注力

我們先從專注力的來源開始探討。兩個月以內的嬰兒，處於混沌的狀態，大部分時間都在睡覺或神遊。只有當母親專注地凝視嬰兒、撫摸嬰兒時，母親的愛才讓嬰兒得以體驗到專注的滋味。

隨著嬰兒逐漸長大，透過跟母親親密連接所體驗到的專注力，會延展到其他事物上，比如專注於玩玩具、聽音樂或觀察某個東西。

大家可能都見過這樣的場景：一個孩子正在專心玩玩具，一扭頭，發現父母不見了。這時候無論玩具多吸引人，他也無法再玩下去，而是會大聲呼喚父母——孩子必須要先確認父母是穩定存在的，才能夠再次專注於自身發展。

這在心理學上叫做「客體穩定性」。**當孩子一次又一次地確認了父母的穩定存在，他就可以把父母內化到心裡，在心裡住下一個穩定的、愛自己的人。**如此，他

便擁有了怡然自得的獨處能力，可以放心地把專注力投注到事情當中。這個穩定的存在，不僅指父母的肉體，還包括精神上的臨在[1]。

有媽媽這樣跟我說：「餵奶時，如果我專注在餵奶這件事上，充滿愛地關注孩子，孩子吸奶就會很安穩，甚至抬頭對我微笑，簡直甜化了！但是如果我內心還糾結著別的事，比如邊餵奶邊滑手機，孩子就會用力地咬乳頭，把我咬得很疼，甚至哭鬧著不肯吃奶。」

孩子是個敏感的存在，要想讓孩子把父母內化到心中，成為安全感和幸福感的源泉，需要父母的肉體和精神都穩定存在。

當一個孩子在嬰兒期得到了比較多的關注，在進入幼兒期和兒童期後，就不再需要父母總是全神貫注在他身上了。父母可以做自己的事情，偶爾跟孩子進行親密互動就可以了。孩子能夠安心地發展自己，專注在自己的事情上。

治標不治本

專注力的基礎源頭是內心穩定地住著愛自己的人。有的孩子總是不願意專注在自己的事情上，比如寫作業特別不老實，不停地說話，讓父母關注他，甚至藉口頭疼、肚子疼，吸引父母的關注。

面對這種情況，父母通常都會很頭疼，「哎呀，我的孩子怎麼這麼不專注，將來該怎麼辦啊？」遇到這種情況，有些專家會教父母對孩子說：「你必須安靜地寫十分鐘作業，否則媽媽不陪你玩。」

這種做法，治標不治本。**真正有益於孩子的做法是，拋下所有規矩，充分投入到跟孩子的親密互動中。**

孩子在嬰兒期缺少親密回應，那就把孩子當作小嬰兒一樣，跟他頻繁互動，充滿愛地凝視他、擁抱他、回應他。**把嬰兒期的缺失都彌補一遍，重新養育孩子一次。**

這樣做，可能會導致孩子少交幾次作業，但是卻能夠換來他一生專注獨處、終身學習的能力。

孩子對得到父母的愛充滿信心，內心安住著父母的愛，就會自然而然地投入到跟事物的連結中去。專注力是每個人的天性，就像睡夠了自然想起床一樣，並不需要培養，它的發展只需要一個自由、不被打擾的空間。

破壞孩子專注力的元兇

我觀察過幾個缺乏專注力的孩子，發現他們身邊都有一個特別愛說話的養育者。

他們總是盯著孩子的一舉一動，當孩子拿到一個新玩具，會站在旁邊不停地說：「應該這樣拆，要這樣玩，不能那樣弄。」「來，我們把這個放在那個上面，這樣就拼起來了。」「哎呀，你要小心一點，不要把玩具摔壞了。」「玩具玩完了，要放到這裡面，不能扔在那裡。」……他們看上去很負責，時刻都在關注孩子，也經常感到精疲力竭，但結果是什麼呢？

他們的孩子做什麼事情都是三分鐘熱度，幾乎無法安靜下來，而且經常莫名其妙地尖叫、暴怒。

這些孩子很難平和地表達自己的不滿，或者提出自己的要求，而是用刺耳的尖叫來表達。為什麼呢？因為孩子很痛苦，他的痛苦來自無法跟自己在一起，無法享受跟事物的專注連結，那些尖叫聲彷彿是在吶喊「求求你們閉嘴吧！」

可儘管如此，孩子耳邊還是充斥著各種聲音，指揮他、教育他、安排他。孩子的專注力就這樣被破壞了。

嬰兒的發展，需要父母的專注來滋養他；而兒童的發展，只需要父母學會適時地退後，給孩子讓出自由空間，讓他自己探索事物，發展專注力，滋養自己。

專注力由愛和自由澆灌而成

拿我自己來說，我的童年有很多不幸，但是有一點值得慶幸：父母對於教育我這件事並不感興趣。在自由的空間裡，我做什麼事情都可以，沒有人在旁邊嘮叨，教我如何做。我可以直接去感受失誤，然後探索它，逐漸具備了快速掌握事物的邏輯能力。

我的智力其實很普通，只不過由於大部分孩子都被他們熱衷教育的父母給毀了，所以顯得我特別聰明。不過，因為嚴重匱乏父母的愛，我的專注力也很成問題。雖然我知道如何連結事物本質，快速地學習，但問題在於：我很難安下心來去連結，我的內在總是焦躁不安。

專注力不是培養出來的，而是在愛和自由的澆灌下自然生成的，它是每個人本性中潛藏的能力。不去破壞，就是最好的培養。

1：指有覺察力地安住於當下，活在當下的每一刻中。

04

當孩子遭遇重大創傷，父母請這樣做

父母要記住重要的一點：即使在危急時刻，也要盡可能保持生活的完整和規律。

孩子對事情危機程度的判斷，往往是根據父母的緊張程度。

孩子的一生中，可能會遭遇來自外界的種種傷害。比如新聞報導屢屢曝出幼稚園老師虐待孩子的事件，有的孩子不幸遭遇性侵犯，有的孩子承受著同學的霸凌。

在這些遭受傷害的孩子當中，一些孩子幾乎沒有留下心理陰影，但也有一些孩子終身帶著心靈上的傷痛。

外界的傷害會給孩子帶來多大影響，很大一部分取決於父母的態度。可以說，只要親子關係基礎好，加上父母正確處理危機的態度，絕大部分意外傷害都不會給孩子留下心理陰影。

那麼，父母怎麼做，才能夠盡早發現孩子被傷害的苗頭？孩子如果遭遇重大創傷，父母什麼樣的態度才能夠幫助孩子渡過危機，不留陰影？

真相在孩子的感受中

要想避免孩子遭遇傷害，重要的是記住：真相在孩子的感受中。有可能父母認為給孩子挑選的是國際著名幼稚園，老師講起先進教育理念來滔滔不絕，絕不會傷害孩子；也有可能父母覺得身邊的熟人都是正直、善良的，對待孩子也會充滿友善。

但很多父母都不具備如同犯罪心理學家一般敏銳的洞察力，僅憑表象就能洞悉一個人的真實內在。然而，孩子卻大多具備這種能力。**越小的孩子，對人的能量場越敏感。**

如果一個孩子見到父母的朋友，肢體語言明顯是拒絕的，甚至會哭鬧、抗拒，那麼父母對此就要敏感一些，避免孩子單獨跟這個人相處。

並不是說孩子抗拒的人一定是壞人，只是當孩子沒有理由地抗拒某個人時，父母不要說：「要懂禮貌，來，讓叔叔阿姨抱一下、親一下。」這樣說服孩子跟對方親近，會破壞孩子對危險的天然覺知力。孩子天然地懂得趨利避害，父母只要不破壞這種能力就好。

孩子在幼稚園或學校裡有沒有遭受虐待？直接這麼問，經常是問不出來的。可能以孩子目前的語言能力和思維能力，不能及時向父母報告意外情況；也可能孩子出於恐懼，選擇封閉自己。

父母可以留意孩子的眼神

在這種情況下，父母可以留意孩子的眼神：他看到老師的一剎那，眼神是歡喜的，或者至少是平和的。不躲閃，說明這個老師與孩子相處得很好；有的孩子特別抗拒上幼稚園，見到老師就躲，這時父母不能掉以輕心，覺得小孩子都不愛上學，怕老師很正常。

如果孩子上幼稚園經常生病，父母也要多加留意，很可能是孩子在幼稚園精神過於緊張的緣故，即使老師對孩子沒有直接的肢體虐待，嚴厲的眼神、精神上的冷漠和控制等，都會給孩子造成緊張和痛苦，並以生病的方式體現出來。

孩子對事情危機程度的判斷，是根據父母的緊張程度

對於孩子來說，精神虐待和肢體虐待是同樣恐怖的。父母可以透過一些小技巧來瞭解孩子在幼稚園的情況。比如跟孩子玩角色扮演遊戲，讓孩子扮演幼稚園老師，父母來扮演小朋友，看看孩子是如何表現的，大致就能瞭解孩子在幼稚園如

何被對待。

如果孩子已經不幸遭受了傷害，比如被鄰居性侵犯、被同學霸凌、被老師虐待，也包括家庭發生重大變故，比如親人患病離世、遭遇車禍、父母事業破產或離婚等等。

面對這些，父母要記住重要的一點：即使在危急時刻，也要盡可能保持生活的完整和規律。孩子對事情危機程度的判斷，往往是根據父母的緊張程度。

有些父母會因為一點小事就覺得天要塌了，這會讓孩子總是活在危機感中。危機發生時，孩子會第一時間觀察父母的態度，如果父母很鎮定，他就會覺得再大的事也能解決，再大的難關，也可以順利度過。

我遇到過一個事業很成功的來訪者，他說自己長大之後才明白家裡曾經遭遇了多麼大的危機。當時公司破產，父親被抓進監獄，祖父精神崩潰，幸好他的媽媽非常鎮定，很快接受了現實，扛起這個家。

雖然豪車變成普通車，大房子變成小房子，但是因為媽媽的用心安排，他們的生活一如往常，所以小時候的他並沒覺得事情有多嚴重——只是搬個家而已，爸爸不得不離家一段時間，過幾年就回來了。

除了對爸爸的思念讓他很難受之外，並沒有其他感覺上的變化。正是媽媽的鎮定態度，造就了這個來訪者穩定的內在力量。成年後，面對商場上的得失起伏，他都能夠勇敢面對、不慌不忙，所以最終事業很成功。

當孩子遭遇性侵犯，父母怎麼做？

再說兒童性侵犯，一提到這個話題，我們就會覺得它肯定會給孩子造成終身的心理陰影。但其實有不少案例，在受害程度差不多、受害者年齡差不多的情況下，有的孩子幾乎沒有留下陰影。

而這些幾乎沒有留下陰影的孩子，基本上都是父母根本不知道孩子遭遇了性侵犯。這聽起來很奇怪，孩子遭遇性侵犯，父母卻沒有發現，這難道不是最壞的情況嗎？

一般來講，孩子遭遇性侵犯後，父母的兩種反應，容易給孩子留下心理陰影：

一是視而不見：

有的父母知情後，卻不做任何反應，甚至極力掩蓋事實，這會給孩子帶來非常大的心理創傷，導致孩子產生嚴重的自我懷疑和自我攻擊：我重要嗎？我活著還有意義嗎？都是我自己不好，活該被侵犯！

有的傷害程度比性侵犯稍弱些，比如老師虐待孩子，父母知道後，也不做任何反應，這會讓孩子對外界產生過度恐懼。為了防禦這種過度恐懼，孩子會讓自己變得麻木、遲鈍。所以我們見到那些童年長期遭受侵害的人，他們的眼神通常是失神的，一片空洞，情緒反應和思維也都比較遲緩。

二是父母崩潰：

確實，孩子的遭遇會讓父母極度痛苦，對施害者萬分憤怒，或者對自己萬分自責，「都怪我沒有看好孩子。」這些高強度的痛苦情緒交織在一起，導致父母一時承受不了。所以，父母要先照料好自己，避免以崩潰的狀態，出現在孩子面前。

孩子身體的創傷遲早能康復，但**心理的創傷則需要借助父母強有力的、穩定的態度來撫平**。孩子如果看到父母沒有因為這個意外被擊垮，就會相信「事情會過去，我會康復如初，依舊幸福」。經過這件事情，孩子的人格也會變得更加強韌。

簡單來講，當孩子遭受侵害時，父母需要配合警方，起訴侵害者，醫治孩子，並長時間陪伴孩子。在進行這些必要工作之外，最重要的是，父母要盡可能讓生活保持原有的穩定，不打亂生活節奏。

那麼，當孩子遭受侵害後，父母又應該如何跟孩子溝通呢？

第一，需要接受事實：

傷害已經發生，父母可能會非常自責，經常把「如果我當初……孩子就不會……」這樣的話掛在嘴邊。其他人也可能會怕刺激孩子，盡量避免碰觸這個創傷話題。

可是對於已經發生的事情，我們只能承認和面對，父母應該保持敞開，隨時願意開誠布公地談論這個傷害，**給孩子空間去表達自己的情緒感受**。

第二，態度比技巧重要：

有的父母會問：「我該用什麼技巧去跟孩子談呢？比如我該問什麼問題？」其實**技巧不重要，重要的是讓孩子感受到父母堅強而敞開的態度，感受到父母隨時願意傾聽**，能夠保持穩定的情緒。

比如，父母可以這樣跟孩子講：「如果你還有什麼擔心的話，就跟爸爸媽媽說。你需要爸爸媽媽做任何事情，我們都很樂意。我們有能力為你去做，有能力保護你。」

第三，不要期待孩子很快好起來：

比如有的父母可能會問孩子，「你好些了嗎？你還恐懼上學嗎？」**這些問題看似在關心孩子，其實是在給孩子傳遞焦慮**：你趕快恢復正常吧！至少表現出有所好轉，這樣才能讓我們全家人少些擔心。

當父母焦慮孩子到底能不能好起來的時候，應該先安撫自己，等自己內心平穩了，再去面對孩子。所有的創傷都會過去，只要給孩子足夠多的時間和空間，等他自己慢慢來。

只要父母能夠做好「容器」，穩定而安全地承接孩子的情緒，加上時間的慢慢轉化，沒有什麼不可恢復的心理創傷，孩子甚至有可能從創傷中汲取巨大的人格力量。

【後記】做個普通人，可以嗎？

我跟心理諮詢師訴苦，說最近一段時間壓力很大，很怕因為自己不夠努力或者能力不足，耽誤了公司的發展，對不起那些信任我的人。

我幾乎每天都在蒐集新資訊，密切關注行業發展，以便及時調整經營策略，還要參與產品開發和測試，精益求精地打磨線上課程，籌備服裝店相關事宜，抽時間健身……

諮詢師問：「你能接受自己不是全能的嗎？」

我的第一反應是「不能」。如果我不追求全能，不自我突破，就等於停止自我更新，那我的生命也就等於終結了。我必須不斷超越「不可能」，讓自己變得越來越強大。而且這個過程沒有終點，因為前方永遠有一個更強大、更理想的自我，在等著我去追趕。

這個過程其實很荒唐。而我之所以要把自己逼上全能之路，是因為我從未體驗過平凡的幸福。

我出生在一個普通的工人家庭，基本的衣食用度都沒有問題，但我的父母卻把平凡的日子過得像地獄般煎熬，看不到任何希望。因此我認定，平凡就等於「死亡」。於是，我一直在跟原生家庭做抗爭，媽媽是怎樣的人，我就反著來。

媽媽一輩子困在自己的世界裡，停止自我更新，我就幻想只要自己足夠努力，越來越優秀，就不會活得像她那樣了無生機。「足夠優秀，就能幸福；不夠優秀，就不配活。」這是一個多麼嚴厲、恐怖的信條！更荒唐的是，因為一直感受不到幸福，所以我愈發拚命。

其實，「只有優秀，才配得上幸福」，這不僅是我的信條，也是大部分家庭默認的準則。絕大多數父母都以「把孩子培養得比別人優秀」為終極目標，可是，又有多少人關心孩子到底幸不幸福呢？

我們做孩子的時候，恐懼自己不優秀，將來沒前途；做父母的時候，又繼續恐懼自己做得不夠好，耽誤了孩子。我們總是以近乎完美的標準來苛求自己。

在我帶領的成長群裡，有一個學員的分享特別好，她說：「我是一個全職媽媽，從得知懷孕的第一天起，我就有一股強烈的執著——我要辭職，自己帶娃，母乳餵到自然斷乳，同時還要有自己的事業，有不錯的收入。這些，我真的都實現了，看起來一切都很完美。然而只有我自己知道，我幾乎每分每秒都活在焦慮和煎熬中，因為我是在逼迫自己做一個完美媽媽。我看了很多育兒書，知道要親密育兒，及時回應，充分滿足孩子的需要，努力做到無條件養育——孩子要吃奶，我即刻奉上乳頭，哪怕十幾分鐘一次；孩子一放下就醒，我便抱著他，坐到天亮；孩子得了濕疹，皮膚癢，他還沒出聲，我就主動湊上去幫他抓癢；孩子食物過敏，我自責得要命，埋怨自己為什麼那麼無知，不懂餵養；孩子哮喘，我更是心懷愧疚，夜夜抱著他哭，『都是媽媽不好，沒有給你一個強壯的身體。』

孩子不要爸爸抱，我就一直抱著，不撒手……我那少得可憐的愛，給得簡直悲壯，就像一個很窮的人還不停地被打劫。我的憤怒像火山一樣積蓄著、壓抑著，每過兩三個月，我就會崩潰、暴怒一次，陷入糟糕的狀態。我這樣全心全意為孩子付出，不惜囚禁自己的身體，犧牲自己的生活，彷彿要掏空自己的生命能量，不過是因為想補償自己內在的小孩，做一個自己理想中的完美媽媽。只要有一點不完美，我就會自我攻擊，愧疚到死。孩子鬧一下情緒，我自責；孩子不好好吃飯，我也自責；孩子生病，睡不著，我更是自責得要命；孩子表現出一點憤怒焦慮，我就哪裡也不去了，把自己囚禁起來。只要孩子對這個世界稍微伸展一下拳腳，脆弱的媽媽就會受傷。」

這個學員的經歷，我相信也是很多媽媽的經歷。童年太痛苦，父母太糟糕，我們強烈渴望成為跟父母相反的人。他們身上的任何問題，我們都希望從自己身上徹底剔除掉。可是，這樣真的很累、很疼呀！

創傷發生得太早

放下愛無能、自責、敵意與絕望，
找回安全感與存在感

做個普通人，可以嗎？享受平凡的幸福，可以嗎？孩子有需求，我們盡力去回應；沒力氣回應，也不怪自己，不怪孩子。如果需要幫助，就去請求丈夫或者其他人，也不焦慮地要求他們必須按照自己的標準對待孩子。

有精力餵奶，就盡力餵；暫時沒力氣，就讓人幫忙給孩子喝奶粉。既不怪孩子吃奶頻繁，也不怪自己精力不足。

有時候，有些需求沒有得到滿足，孩子可能會失落，這都沒關係。總會有一些事情，媽媽處理得不完美，可說到底，又能有多大的事呢？

我們能不能就這樣放過自己？允許自己做到哪兒就算哪兒。當我們有這樣的心態，或許平凡的幸福就會悄然降臨：可能是做完家務，坐到餐桌旁，慢慢喝杯茶的幸福；也可能是跟愛人隨便聊幾句天的幸福；或是看著孩子專注地玩玩具，陽光灑在他身上的幸福。

我們可以體驗到，作為一個普通人，也配擁有幸福。

幸福真的不需要那麼多苛刻的條件，就這樣活著，挺好！

國家圖書館預行編目資料

創傷發生得太早——放下愛無能、自責、敵意與絕望，找回安全感與存在感／李雪著. ——初版. ——臺北市；寶瓶文化,2020.08
面；　公分, ——（vision；199）
ISBN 978-986-406-201-0（平裝）
1. 育兒　2. 親職教育　3. 精神分析
428　　109011696

Vision 199
創傷發生得太早——放下愛無能、自責、敵意與絕望，找回安全感與存在感

作者／李雪

發行人／張寶琴
社長兼總編輯／朱亞君
副總編輯／張純玲
資深編輯／丁慧瑋　編輯／林婕伃
美術主編／林慧雯
校對／張純玲・劉素芬・林俶萍
營銷部主任／林歆婕　業務專員／林裕翔　企劃專員／李祉萱
財務主任／歐素琪
出版者／寶瓶文化事業股份有限公司
地址／台北市110信義區基隆路一段180號8樓
電話／(02) 27494988　傳真／(02) 27495072
郵政劃撥／19446403　寶瓶文化事業股份有限公司
印刷廠／世和印製企業有限公司
總經銷／大和書報圖書股份有限公司　電話／(02) 89902588
地址／新北市五股工業區五工五路2號　傳真／(02) 22997900
E-mail／aquarius@udngroup.com

法律顧問／理律法律事務所陳長文律師、蔣大中律師
如有破損或裝訂錯誤，請寄回本公司更換
著作完成日期／二〇一九年九月
初版一刷日期／二〇二〇年八月
初版二刷日期／二〇二〇年八月二十六日
ISBN／978-986-406-201-0
定價／三〇〇元

原著作名：有限責任家庭　作者：李雪

AQUARIUS 寶瓶文化事業

愛書人卡

感謝您熱心的為我們填寫，
對您的意見，我們會認真的加以參考，
希望寶瓶文化推出的每一本書，都能得到您的肯定與永遠的支持。

系列：vision 199　**書名：創傷發生得太早——放下愛無能、自責、敵意與絕望，找回安全感與存在感**

1. 姓名：＿＿＿＿＿＿＿　性別：□男　□女
2. 生日：＿＿年＿＿月＿＿日
3. 教育程度：□大學以上　□大學　□專科　□高中、高職　□高中職以下
4. 職業：＿＿＿＿＿＿＿
5. 聯絡地址：＿＿＿＿＿＿＿＿＿＿＿＿＿＿＿
   聯絡電話：＿＿＿＿＿＿＿　手機：＿＿＿＿＿＿＿
6. E-mail信箱：＿＿＿＿＿＿＿＿＿＿＿＿
   □同意　□不同意　免費獲得寶瓶文化叢書訊息
7. 購買日期：＿＿年＿＿月＿＿日
8. 您得知本書的管道：□報紙／雜誌　□電視／電台　□親友介紹　□逛書店　□網路　□傳單／海報　□廣告　□其他
9. 您在哪裡買到本書：□書店，店名＿＿＿＿＿　□劃撥　□現場活動　□贈書　□網路購書，網站名稱：＿＿＿＿＿　□其他＿＿＿＿＿
10. 對本書的建議：（請填代號　1.滿意　2.尚可　3.再改進，請提供意見）
    內容：＿＿＿＿＿＿＿
    封面：＿＿＿＿＿＿＿
    編排：＿＿＿＿＿＿＿
    其他：＿＿＿＿＿＿＿
    綜合意見：＿＿＿＿＿＿＿＿＿＿＿＿＿＿＿
11. 希望我們未來出版哪一類的書籍：＿＿＿＿＿＿＿＿＿

讓文字與書寫的聲音大鳴大放

寶瓶文化事業股份有限公司

（請沿此虛線剪下）

廣 告 回 函
北區郵政管理局登記
證北台字15345號
免貼郵票

寶瓶文化事業股份有限公司收

110台北市信義區基隆路一段180號8樓

8F,180 KEELUNG RD.,SEC.1,

TAIPEI.(110)TAIWAN R.O.C.

（請沿虛線對折後寄回，或傳真至02-27495072。謝謝）